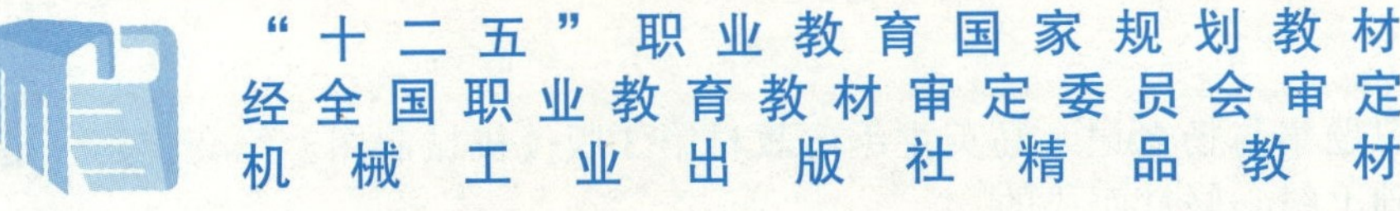

机械制图习题集

第3版

主　编　杨老记　马　英
副主编　马　璇　高英敏　陈荣强
参　编　高运芳　张莉萍　黄继明
尹向高　张庆武

本习题集与杨老记、马英主编的教材第 3 版《机械制图》配套使用，是在第 2 版的基础上精心修订而成的。

本习题集全面采用最新的制图国家标准。内容与教材紧密结合，侧重绘制和阅读机械图样基本能力的训练及解决实际问题能力的培养。各章题目具有代表性和典型性，由易到难归类编排，符合学生知识能力的增长规律，科学实用。

本习题集配有全部习题的 PowerPoint 参考答案和习题三维虚拟模型，便于教和学。

本习题集适用于高职高专以及理论要求较低的本科院校机械类和近机械类各专业，企业培训亦可使用。

图书在版编目（CIP）数据

机械制图习题集 / 杨老记，马英主编 . —3 版 . —北京：机械工业出版社，2012.9（2020.11 重印）
“十二五”职业教育国家规划教材　机械工业出版社精品教材
ISBN 978-7-111-39457-0

Ⅰ. ①机…　Ⅱ. ①杨… ②马…　Ⅲ. ①机械制图 – 高等职业教材 – 习题集　Ⅳ. ①机 TH126–44

中国版本图书馆 CIP 数据核字 (2012) 第 191312 号

机械工业出版社（北京市百万庄大街 22 号　邮政编码 100037）
策划编辑：王海峰　责任编辑：王海峰　王德艳
版式设计：姜　婷　封面设计：张　静
责任印制：常天培
北京捷迅佳彩印刷有限公司印刷
2020 年 11 月第 3 版・第 12 次印刷
370mm × 260mm・11 印张・275 千字
标准书号：ISBN 978-7-111-39457-0
定价：29.00 元

凡购本书，如有缺页、倒页、脱页，由本社发行部调换

电话服务
服务咨询热线：010-88379833
读者购书热线：010-88379649

网络服务
机 工 官 网：www.cmpbook.com
机 工 官 博：weibo.com/cmp1952
教育服务网：www.cmpedu.com
金 书 网：www.golden-book.com

第3版前言

本习题集与杨老记、马英主编的教材第3版《机械制图》相配套，是在第2版的基础上，结合多年的教学经验，精心修订而成的。具有以下特点：

1. 全面采用最新的制图国家标准。尤其是涉及“表面结构”、“极限与配合”、“几何公差”等内容的题目，全部是现行的最新国家标准。

2. 内容与教材紧密结合，相互对应，习练所讲。所选题目具有代表性和典型性。

3. 各章题目归类编排，由易到难，便于取舍，适合各个层次的读者需要。各类题目数量有一定余量，师生可在满足教学基本要求的前提下，根据实际情况选用。

4. 本次修订精简、调整、增加了一些题目。根据提高绘制和阅读机械图样基本能力的目标，减少了理论性题目，增加了徒手绘图及零件表达等题目，总体上减少了页数。

5. 本习题集配有全部习题的 PowerPoint 参考答案和习题三维虚拟模型，便于师生参考。

尽管修订过程我们十分认真，但难免仍有错误和不足，真诚地希望读者批评指正，以便提高本书质量。

编　者

目　　录

第 1 章　制图的基本知识和基本技能

1—1　字体练习

机械制图分区标记比例数量材料年月日期第

文件号签名审核设计工艺技术要求未注圆倒角为铸造砂眼缩孔

泄漏表面涂漆时效处理尺寸公差试验配作轴盖轮盘箱叉壳杆架

ABCDEFGHIJKLMNOPQRSTUVWXYZ

abcdefghijklmnopqrstuvwxyz　I II III IV V VI

0123456789Ø

abcdefghijklmnopqrstuvwxyz

0123456789Ø　0123456789Ø

1—2　图线练习

在指定的位置，照样画出图线和图形。

1.

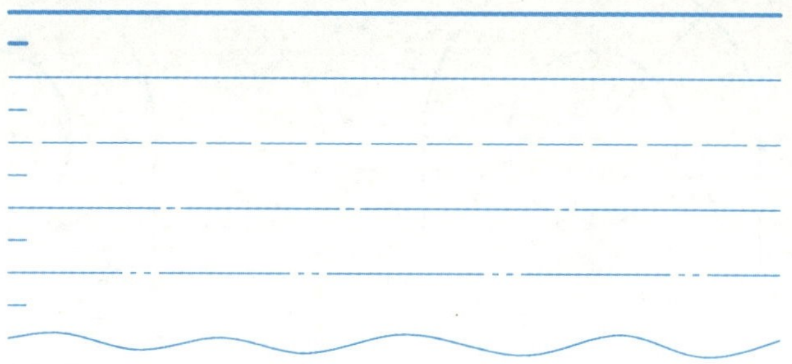

2.

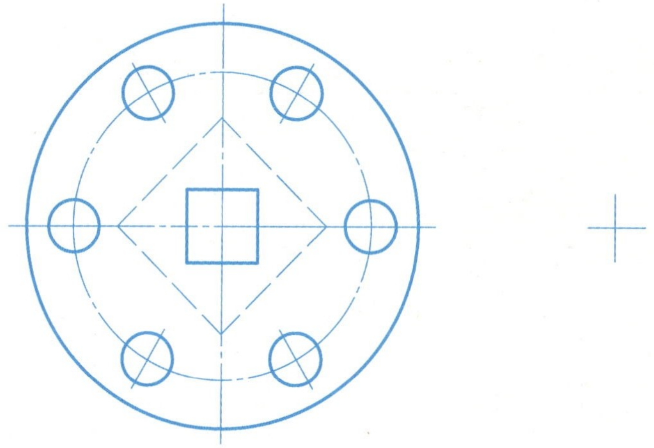

3.

1—3 尺寸标注

检查左图中已注尺寸的错误，将正确的尺寸标注法注在右图中。

1.

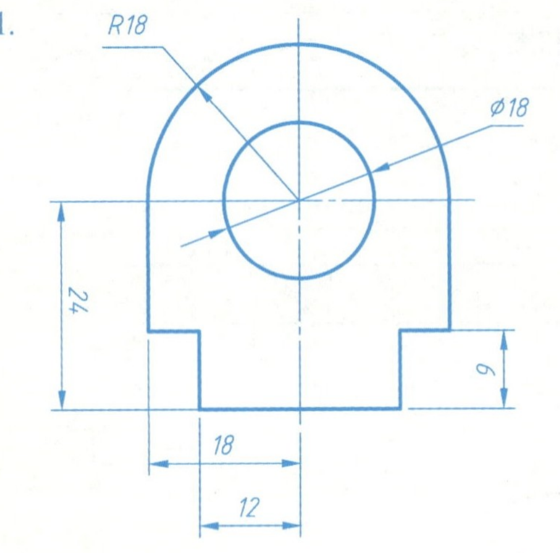

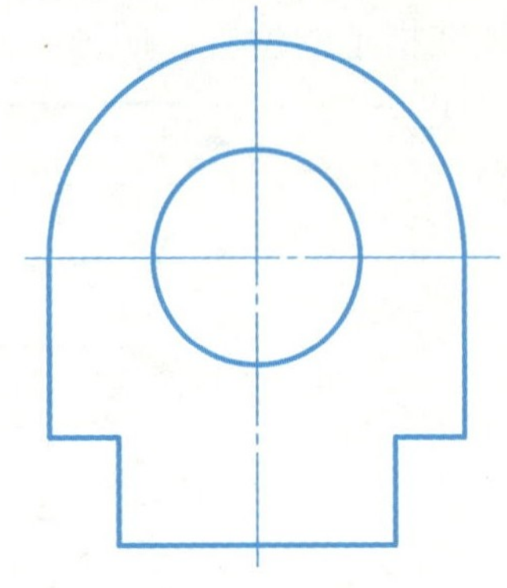

2.

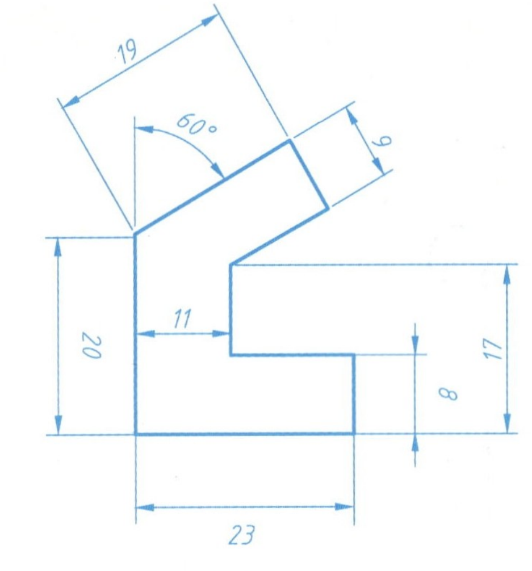

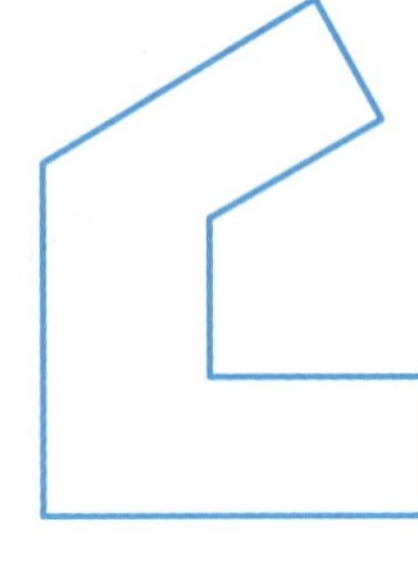

3.

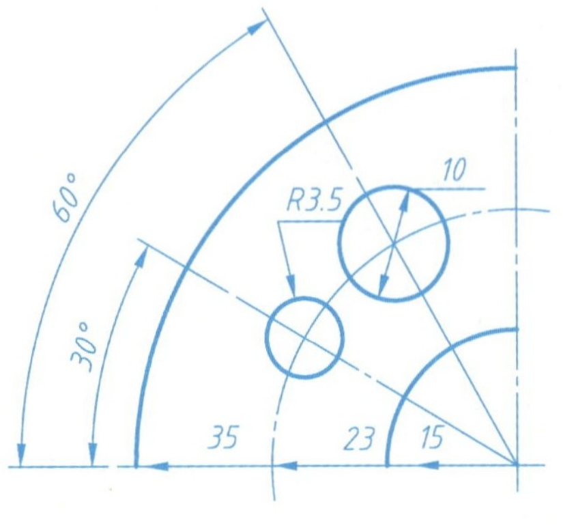

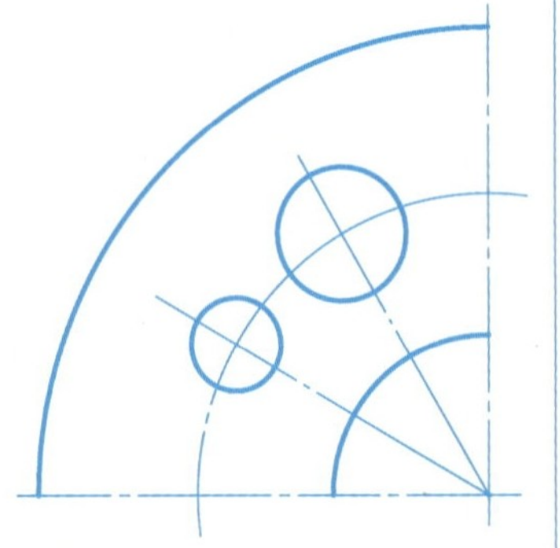

4.

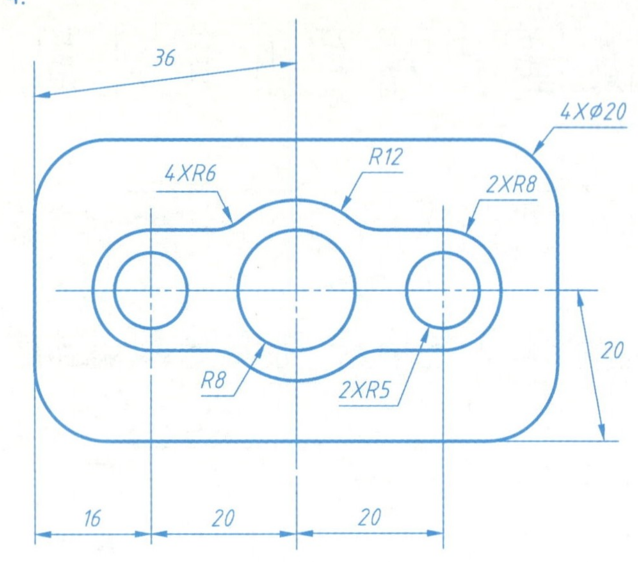

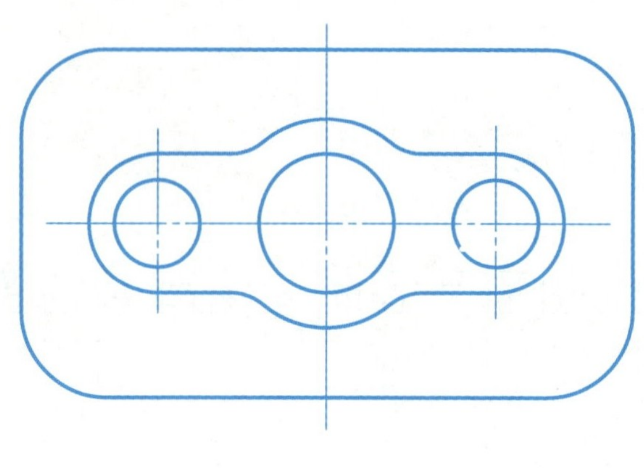

5.

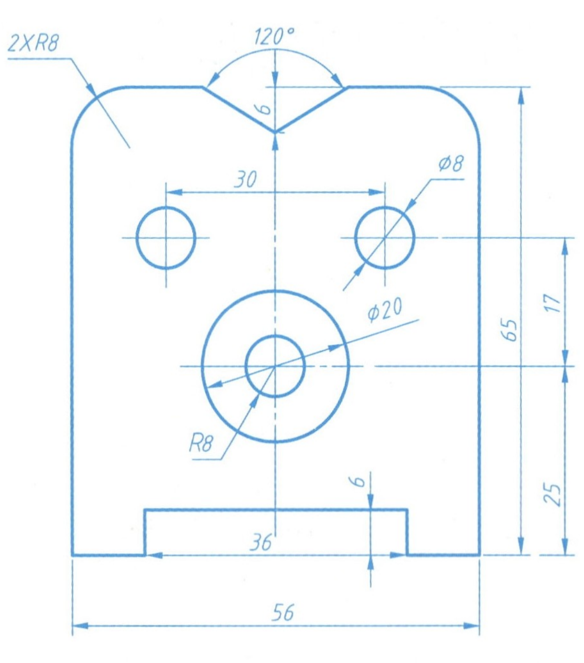

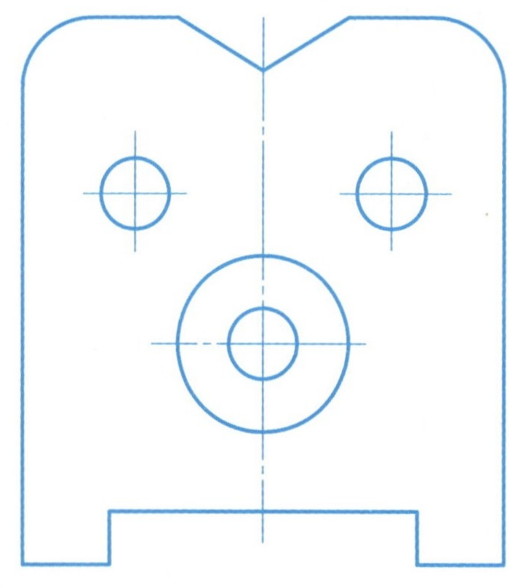

1—4　几何作图

1. 按尺寸数值作斜度和锥度。

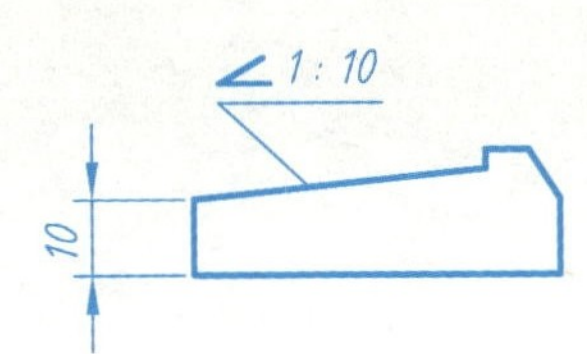

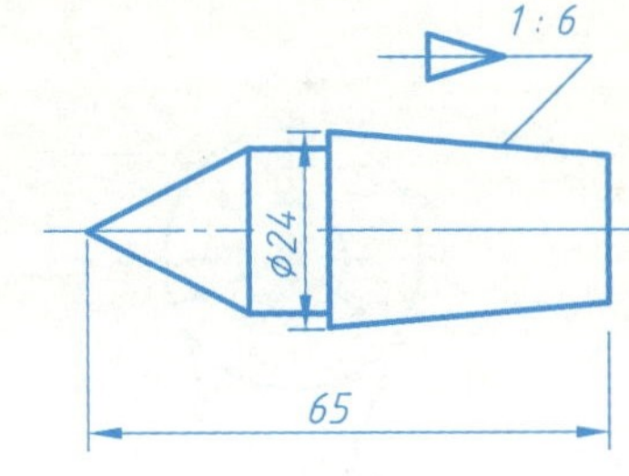

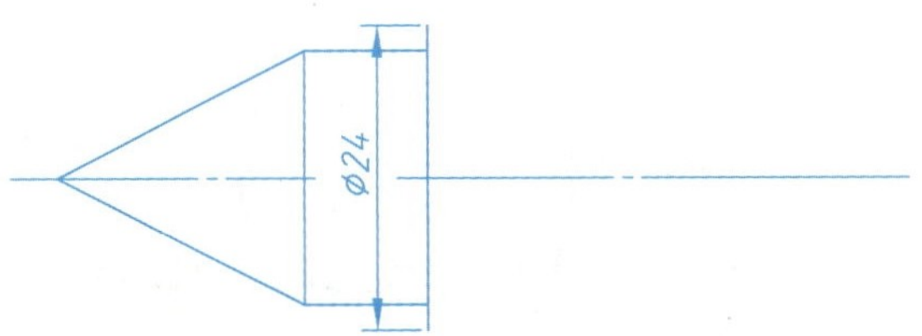

2. 将下面图形按尺寸数值画在右边。

1）

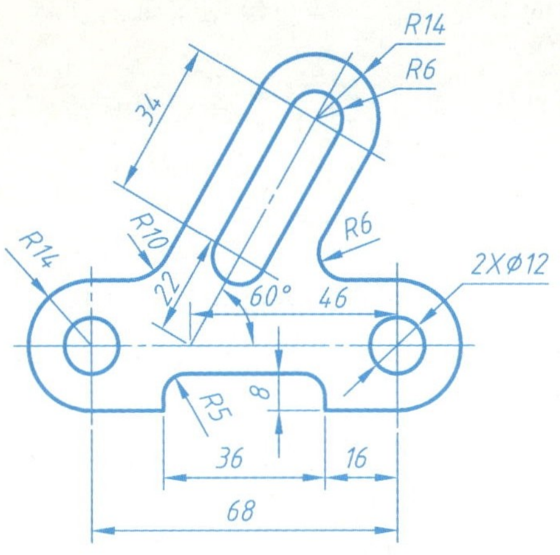

2）

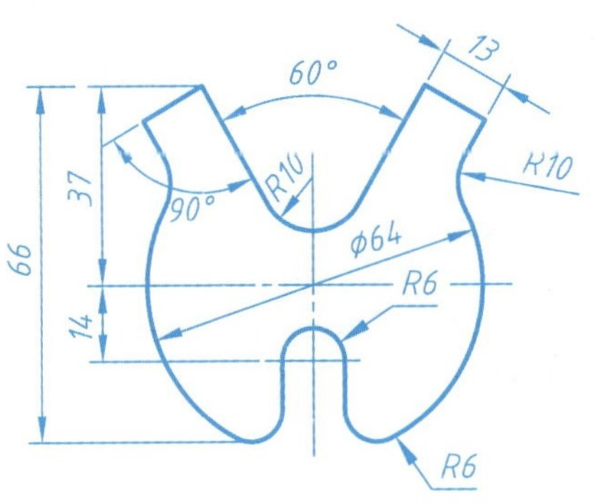

3）

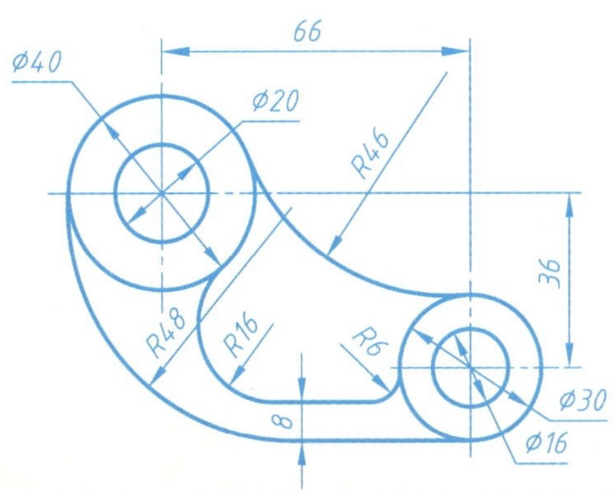

1—5 基本训练

基本训练作业指导

一、目的、内容与要求

1. 目的、内容：初步掌握国家标准《技术制图》的有关内容，学会绘图仪器和工具的使用方法。抄画两个图形，并标注尺寸。

2. 要求：图形正确，布置适当，线型合格，字体工整，尺寸完整，符合国家标准，连接光滑，图面整洁。

二、图名：基本练习。图纸幅面：A3 图纸。比例：1 ∶ 1。

三、绘图注意事项

1. 绘图前应对所画图形进行分析研究，确定正确的作图步骤。在图面布置时应考虑预留标注尺寸的地方。绘图时特别要注意：零件轮廓线上圆弧连接的各切点及圆心位置必须正确作出。

2. 粗线宽度为 0.5mm 或 0.7mm；虚线、细点画线及细实线宽度为粗实线的 1/2，虚线画长约 6mm；细点画线线长约 15mm，间隔及点共约 3mm。

3. 字体：图中汉字均写成长仿宋字。标题栏内图名及图号写 10 号字，校名写 7 号字，姓名写在“制图”栏内，都用 5 号字。

4. 箭头：宽约 0.7mm，长为宽的 6 倍左右。

5. 完成底稿后，经仔细校核方可加深。用铅笔加深时，圆规的铅芯应比画直线的铅笔软一号。

1）

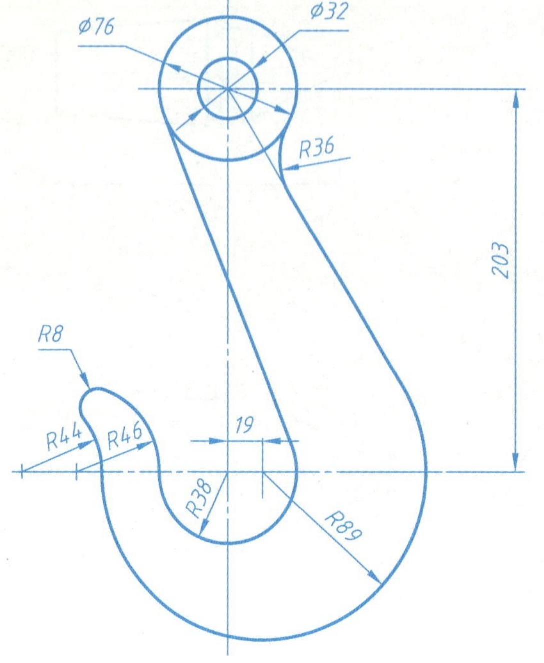

2）

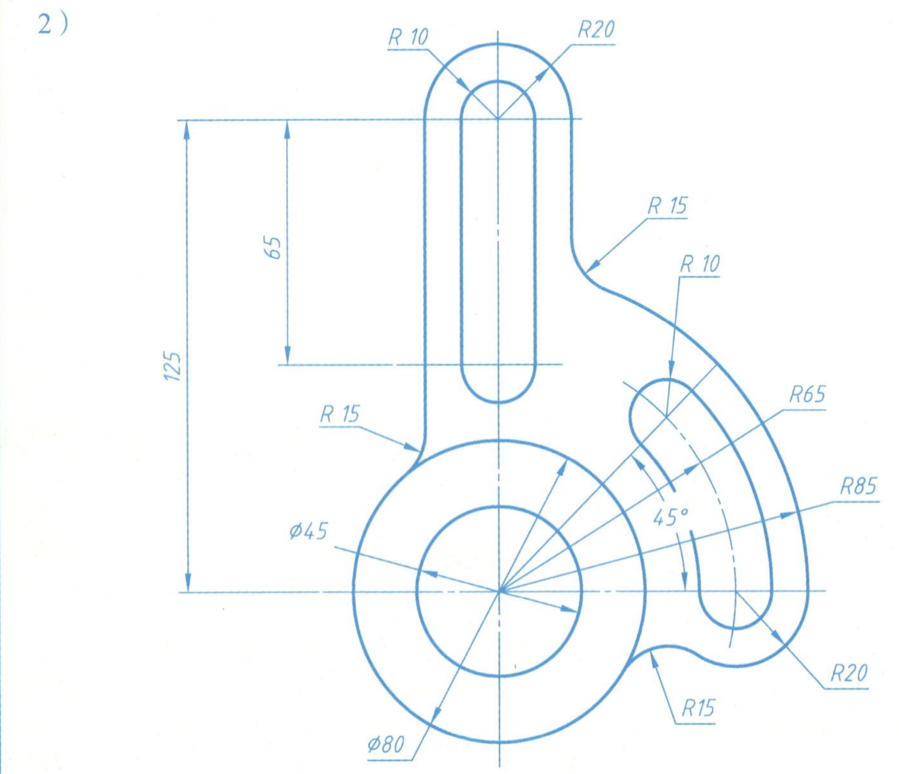

3）

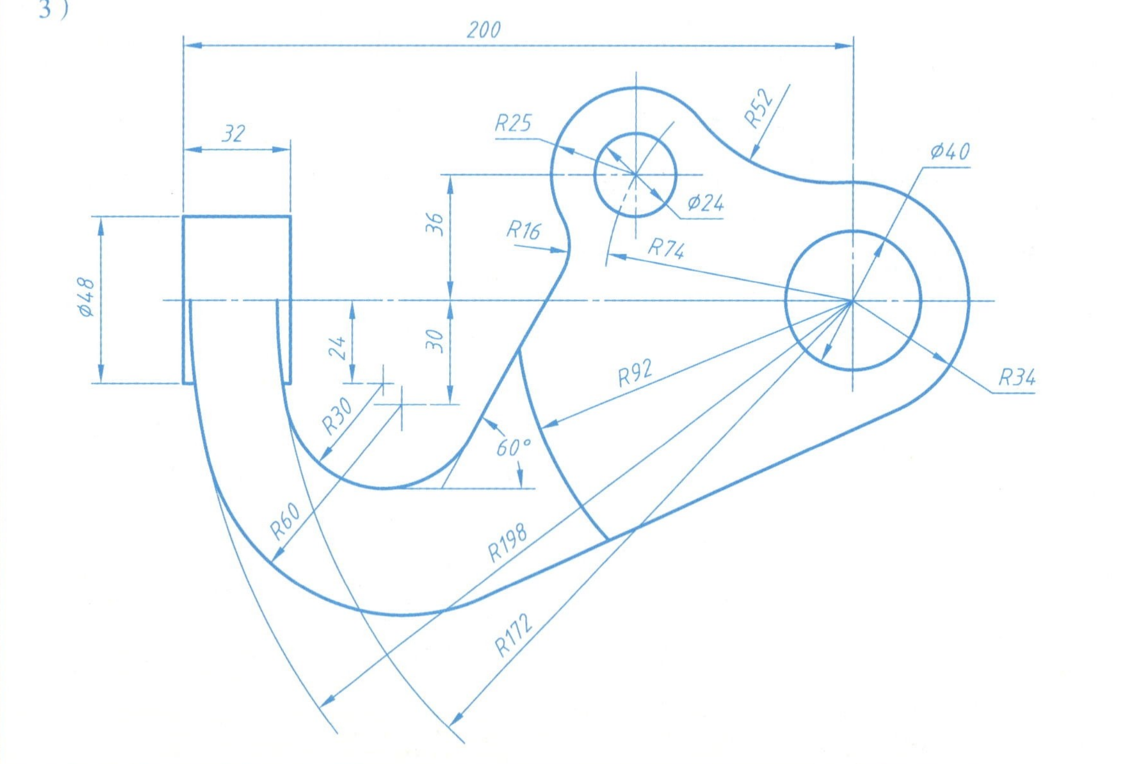

1—6 徒手绘制下列图形的草图

1.

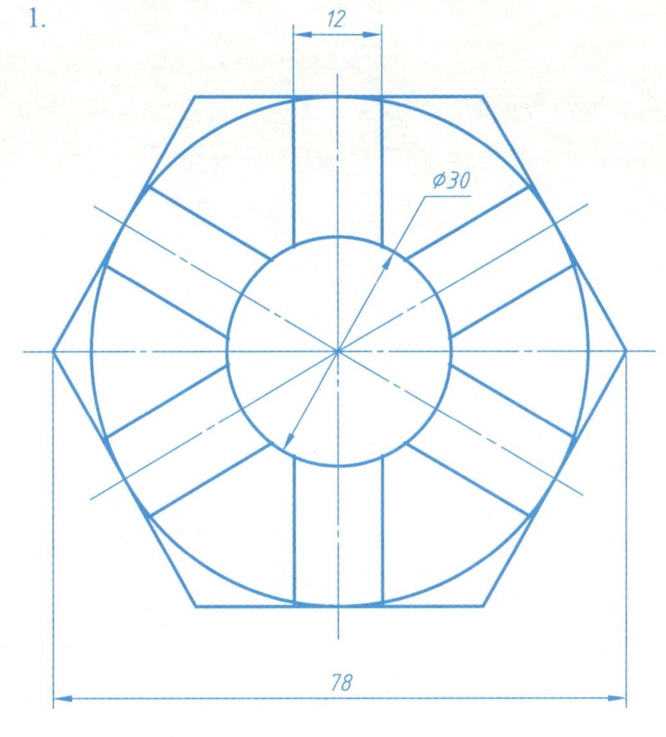

2.

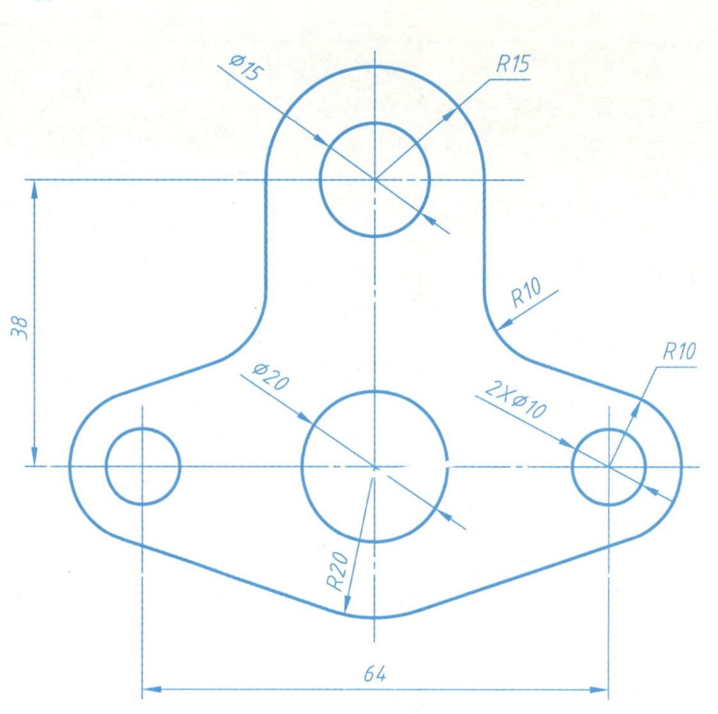

3.

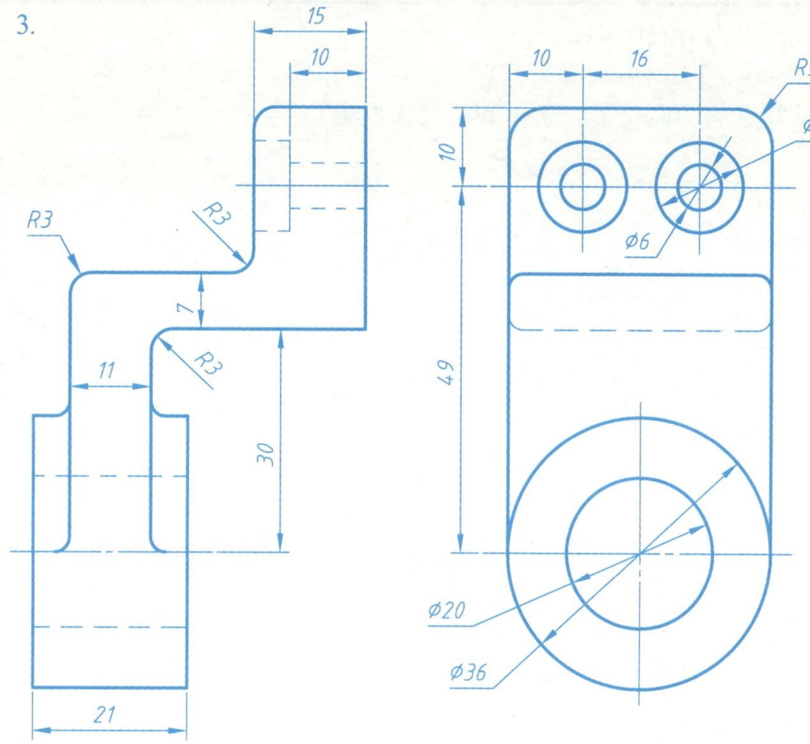

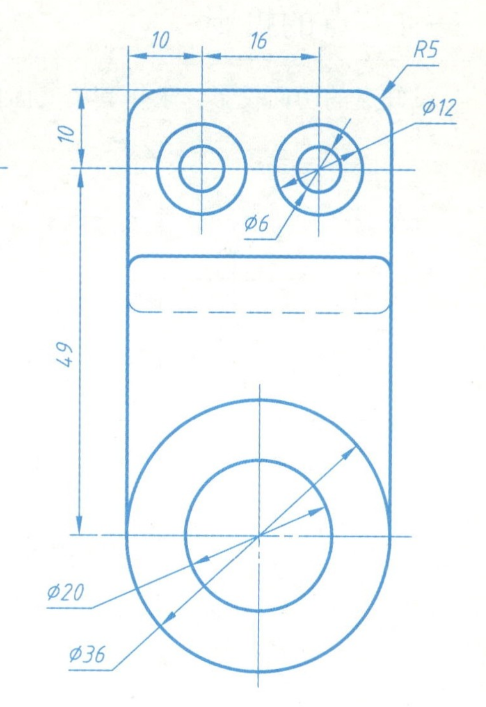

未注尺寸的小圆弧为R2。

第2章　投影基础

2—1　点的投影

1. 已知点的两面投影，求作其第三面投影。

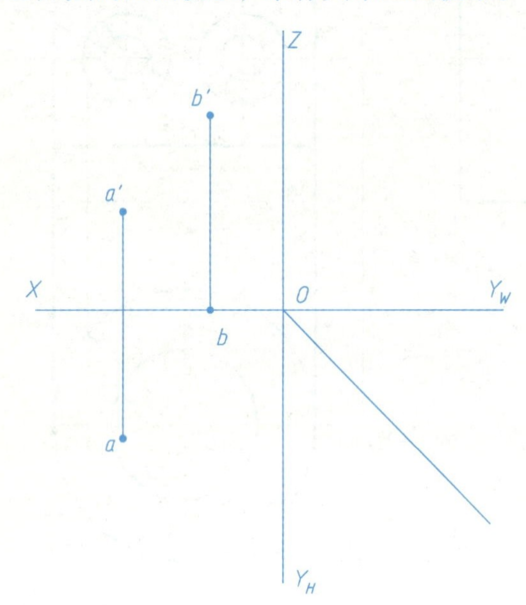

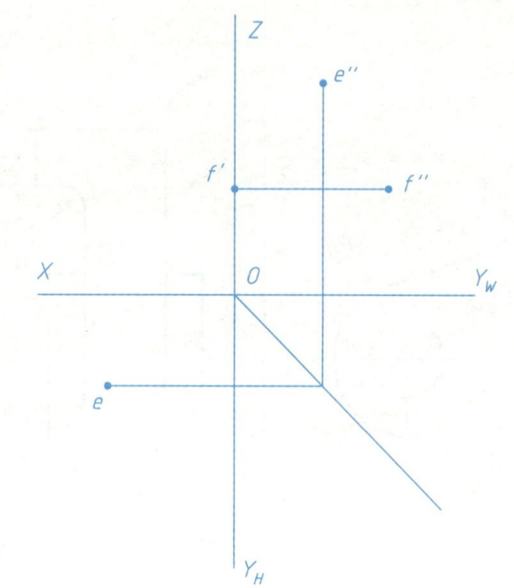

2. 已知 *A*、*B*、*C* 各点对投影面的距离，求作各点的三面投影。

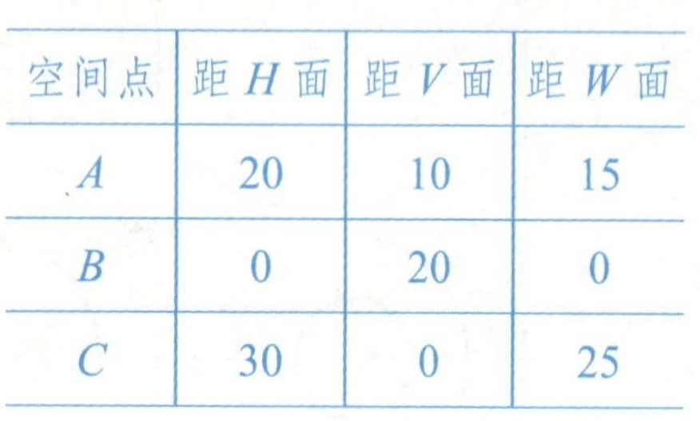

空间点	距 *H* 面	距 *V* 面	距 *W* 面
A	20	10	15
B	0	20	0
C	30	0	25

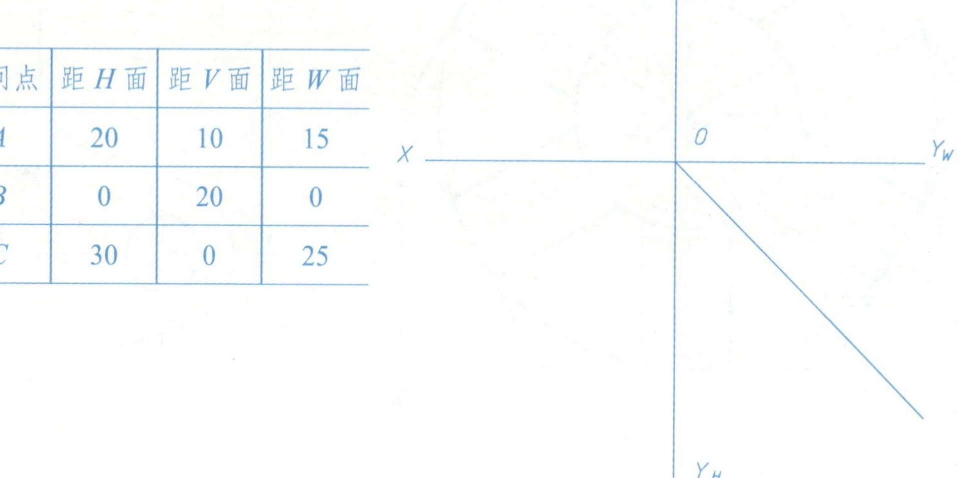

3. 已知点的坐标，求作点的三面投影。

1）*A*（25，10，20），*B*（10，20，20）　　2）*C*（20，15，25），*D*（20，10，15）

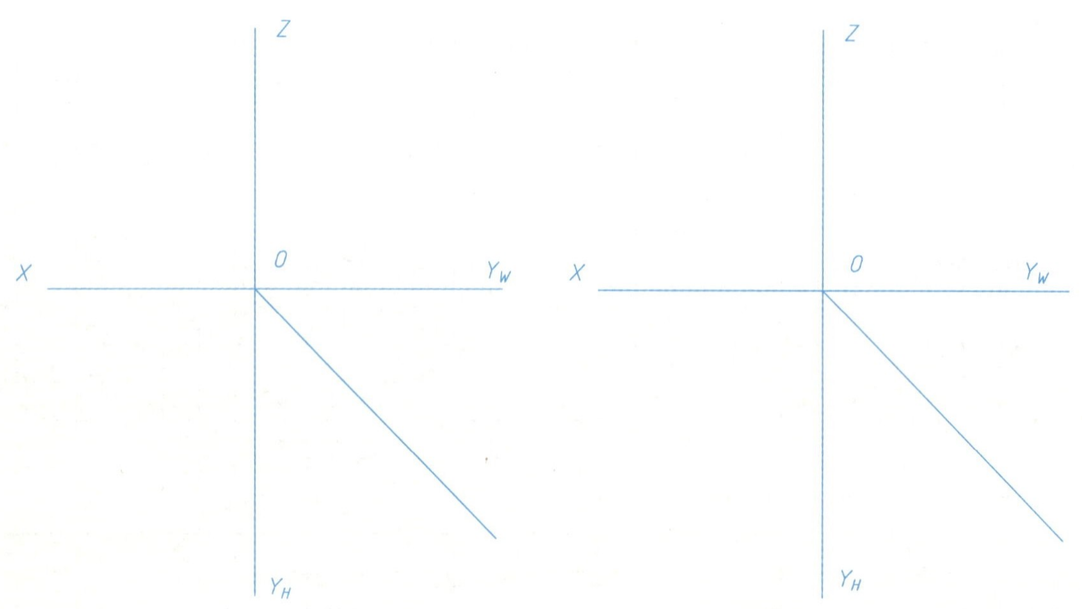

4. 根据点的投影，分别写出点的坐标及点到投影面的距离（尺寸直接从图上量取）。

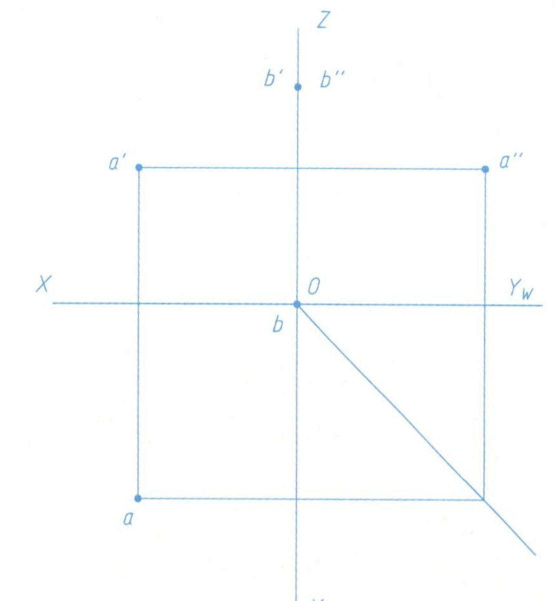

A（　　　　）

B（　　　　）

	距 *H* 面	距 *V* 面	距 *W* 面
A			
B			

5. 根据点的直观图，求作点的三面投影（尺寸直接从图上量取）。

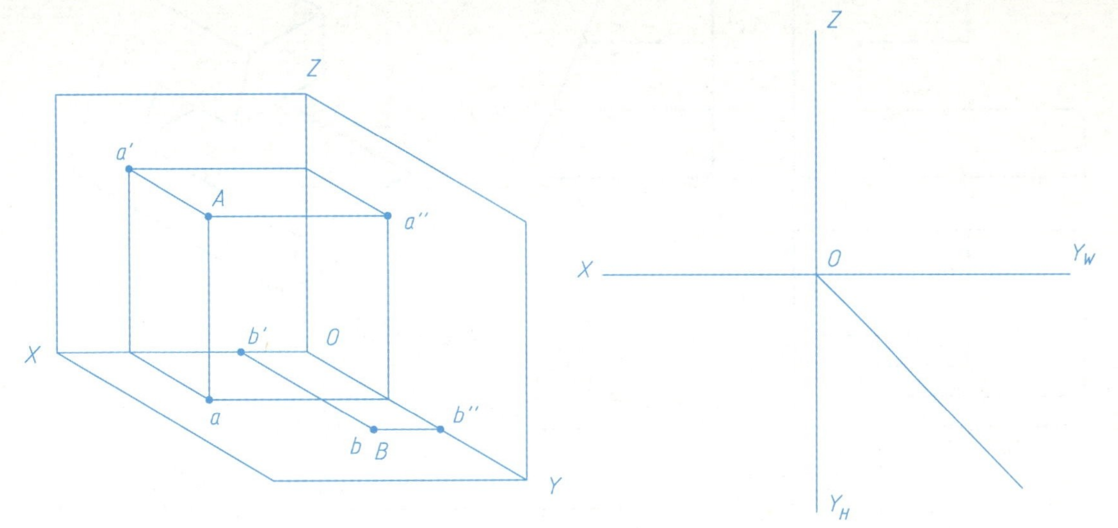

6. 已知点 *B* 在点 *A* 之左 20mm、之前 10mm、之下 15mm，求作点 *B* 的三面投影和直观图。

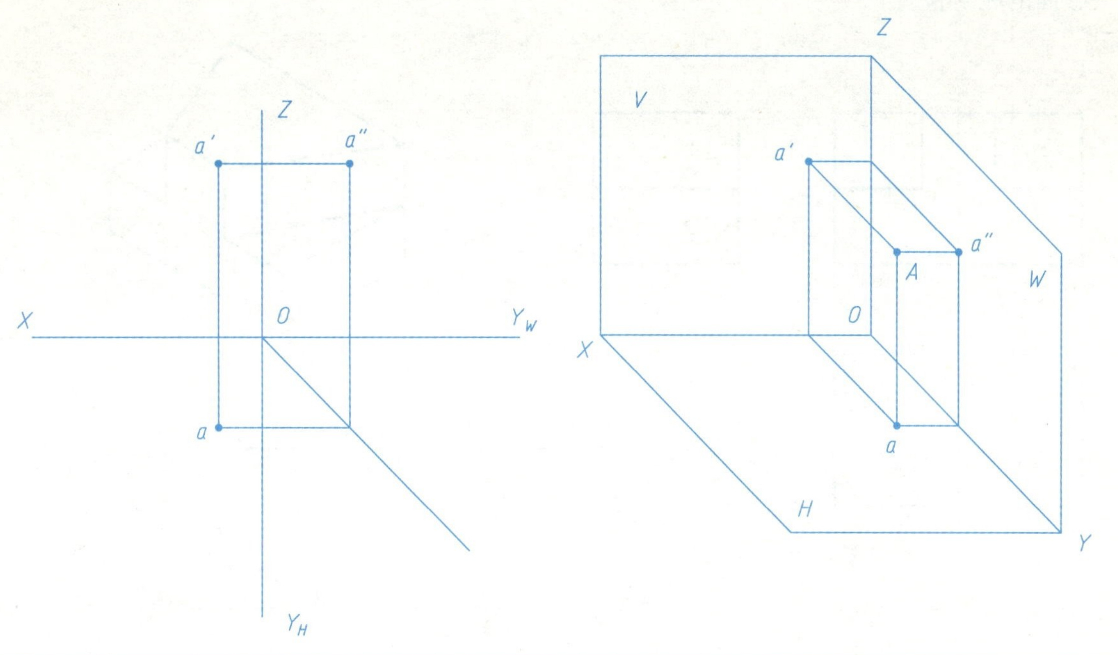

7. 说明 *B*、*C* 两点相对点 *A* 的位置（指出上下、左右、前后方向）。

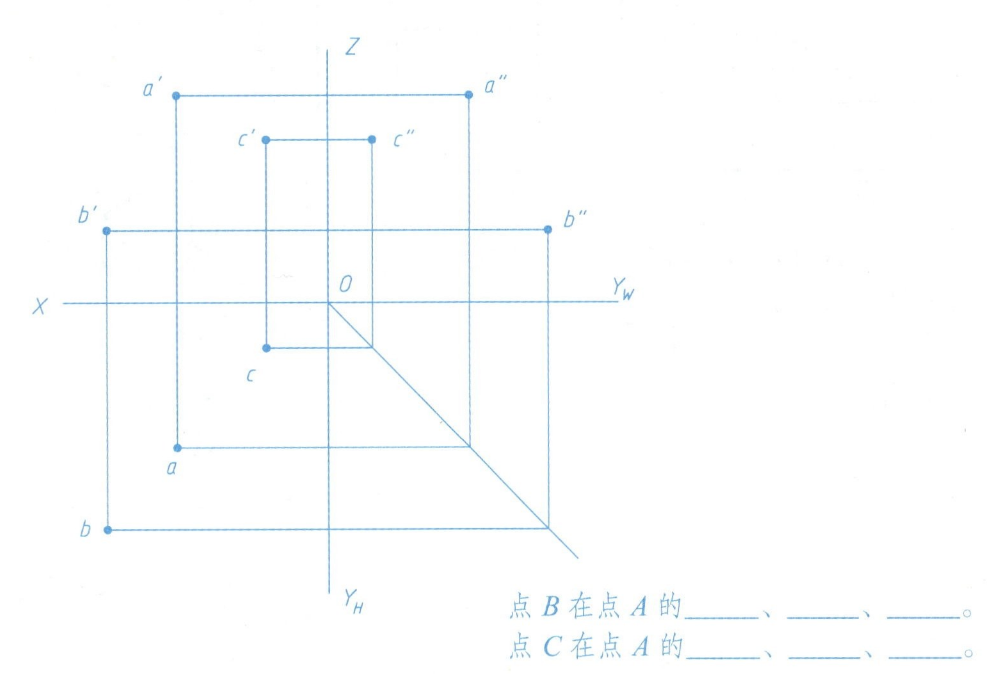

点 *B* 在点 *A* 的_____、_____、_____。
点 *C* 在点 *A* 的_____、_____、_____。

8. 根据点的相对位置作出 *B*、*D* 两点的投影，并判别重影点的可见性。

1）点 *B* 在点 *A* 的正下方 12mm。

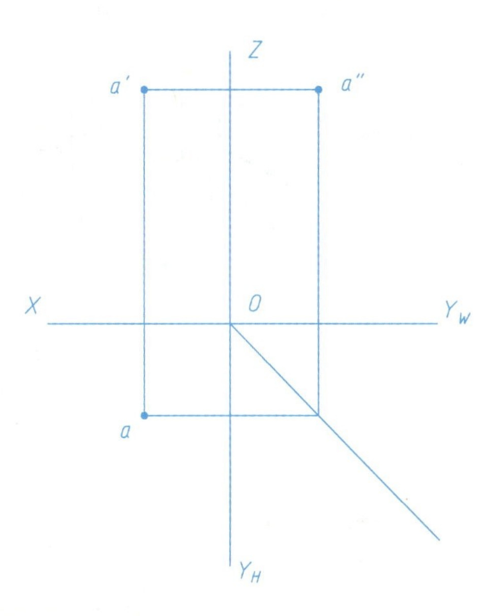

2）点 *D* 在点 *C* 的正右方 15mm。

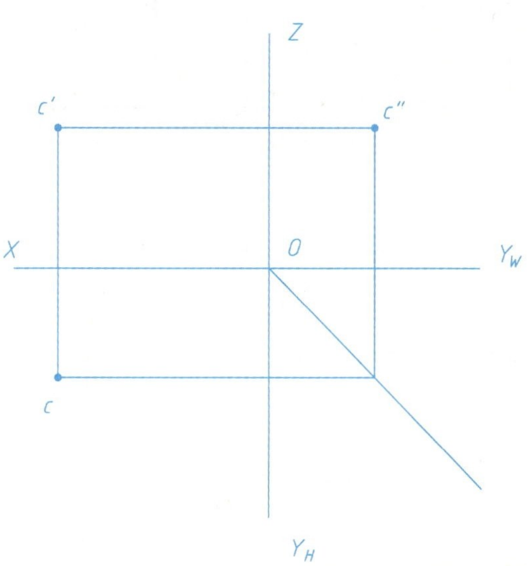

2—2 直线的投影

1. 对照立体图，在投影图中标出直线AB、CD的三面投影，填写它们的名称及其对各投影面的相对位置。

1）

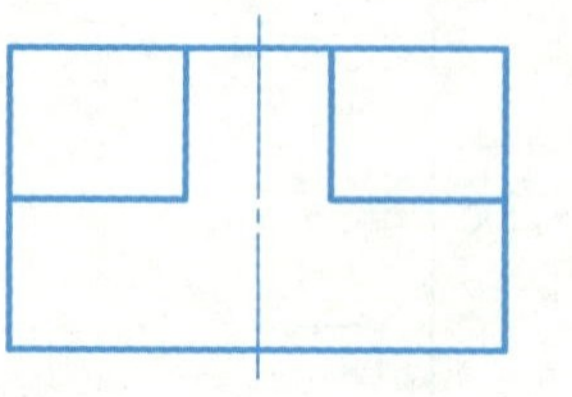

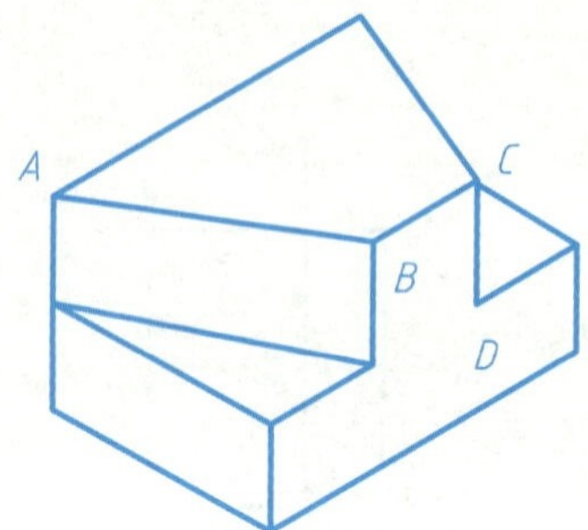

AB 是________线；CD 是________线。

AB:________V、________H、________W。

CD:________V、________H、________W。

2）

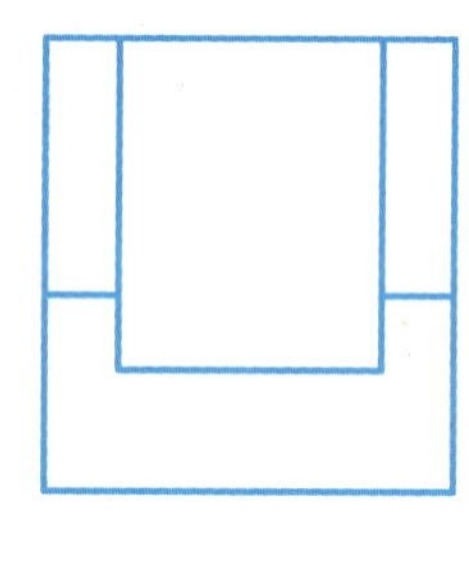

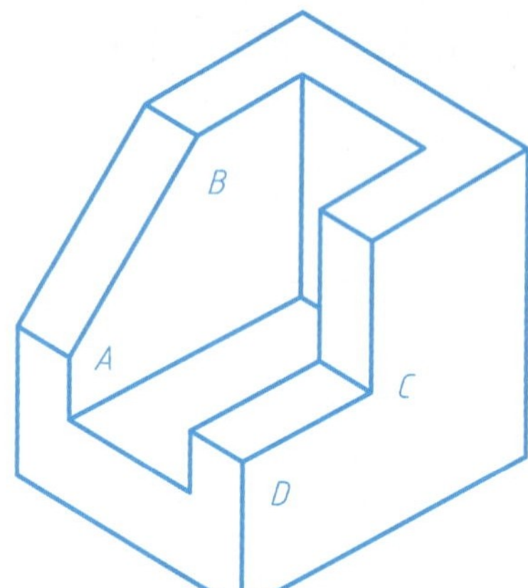

AB 是________线；CD 是________线。

AB:________V、________H、________W。

CD:________V、________H、________W。

2. 标出直线AB、CD的第三投影，在立体图中标出端点A、B、C、D的位置（立体图中用大写字母标出）并填写线段AB、CD的名称及其对各投影面的位置。

1）

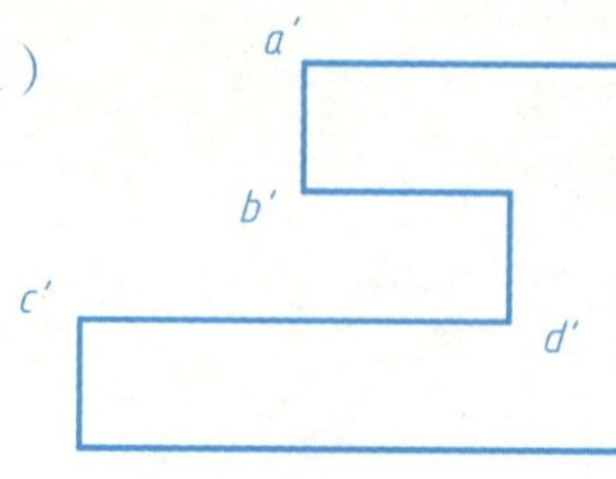

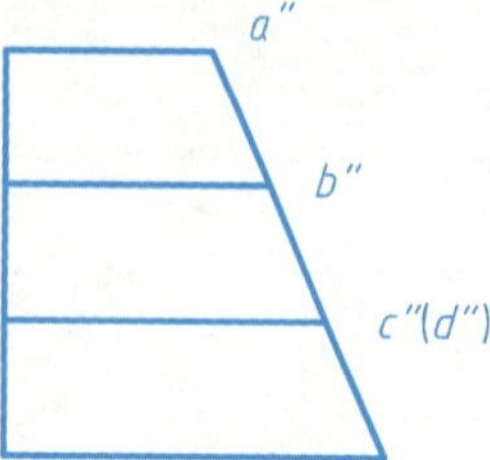

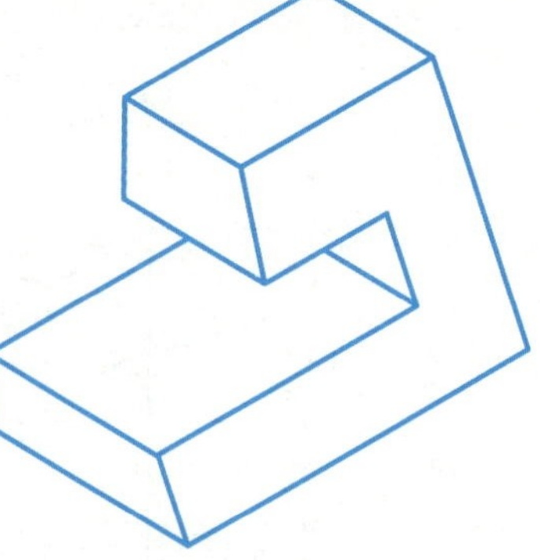

AB 是________线；CD 是________线。

AB:________V、________H、________W。

CD:________V、________H、________W。

2）

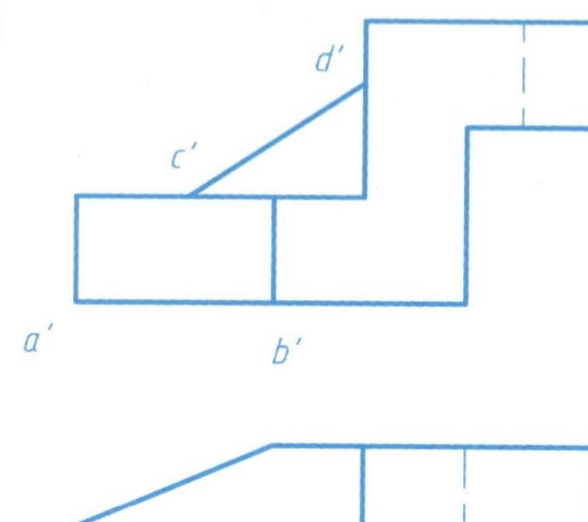

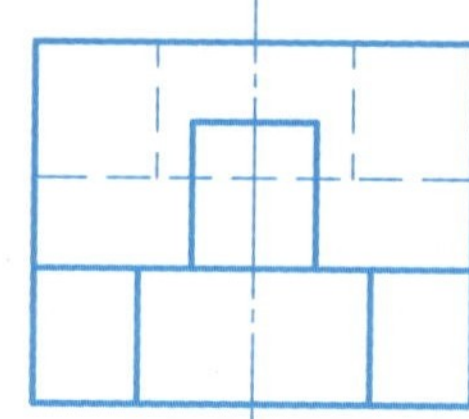

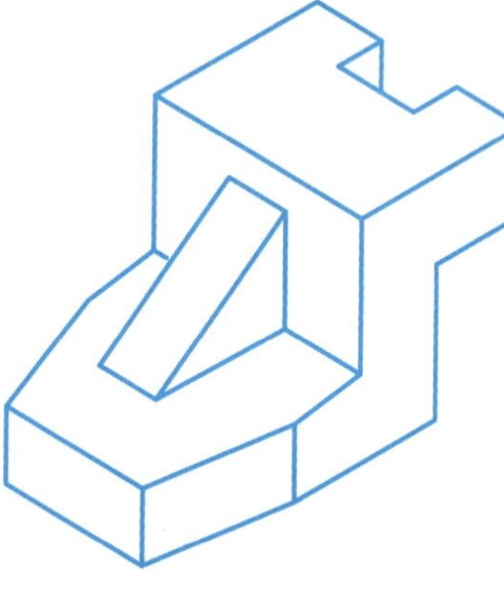

AB 是________线；CD 是________线。

AB:________V、________H、________W。

CD:________V、________H、________W。

续 2—2　直线的投影

3.根据下列直线的两面投影：（1）判断直线对投影面的位置；（2）求出直线的第三面投影；（3）填空，说明直线的类别。

1）

AB 是________线。

2）

CD 是________线。

3）

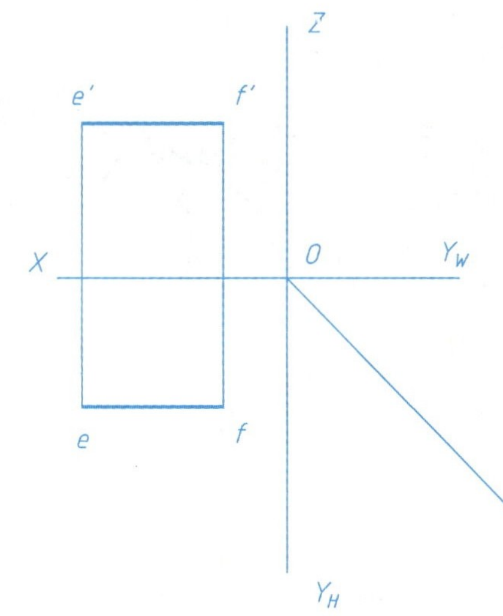

EF 是________线。

4）

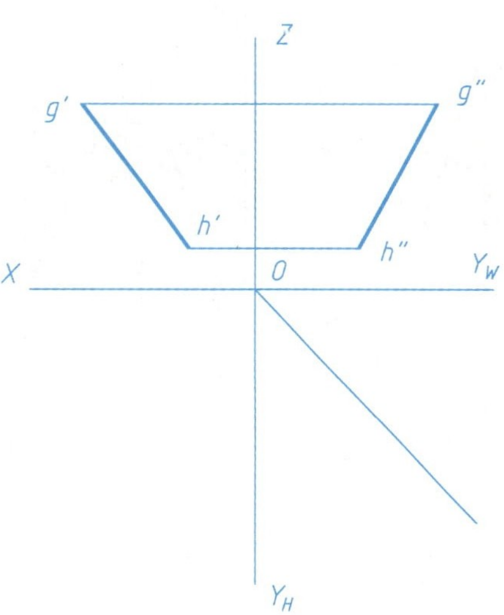

GH 是________线。

4. 作出直线 AB 的三面投影，AB 实长为20mm，且符合如下条件（分析有几解，可仅画出一解）。

1）$AB//V$ 面，$\gamma=60°$

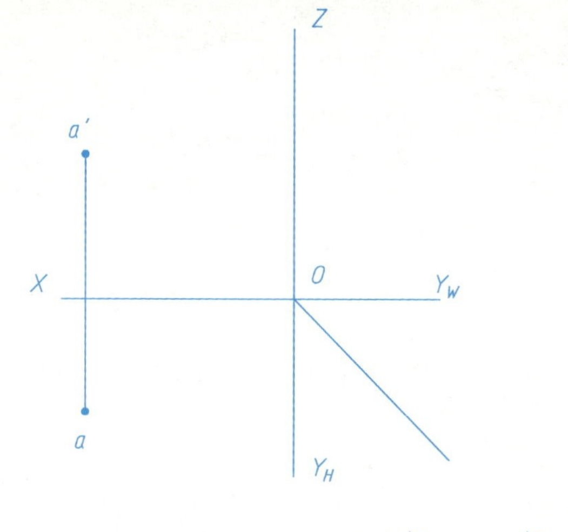

有______解。

2）$AB//W$ 面，$\beta=45°$

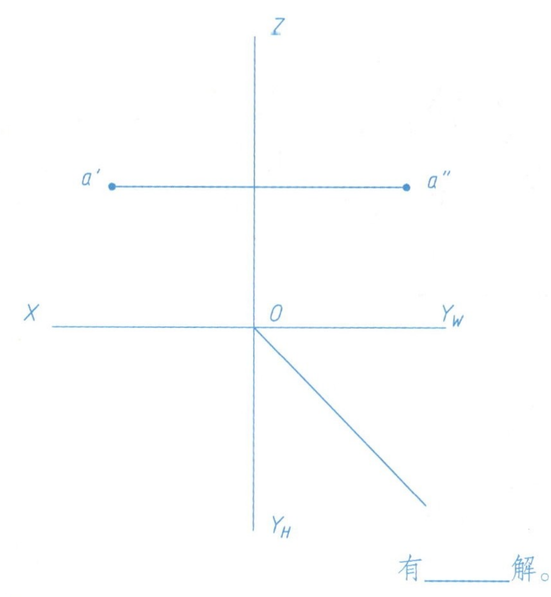

有______解。

5.作出直线的三面投影，且符合如下条件:

1）B 点距 H 面为 20mm。

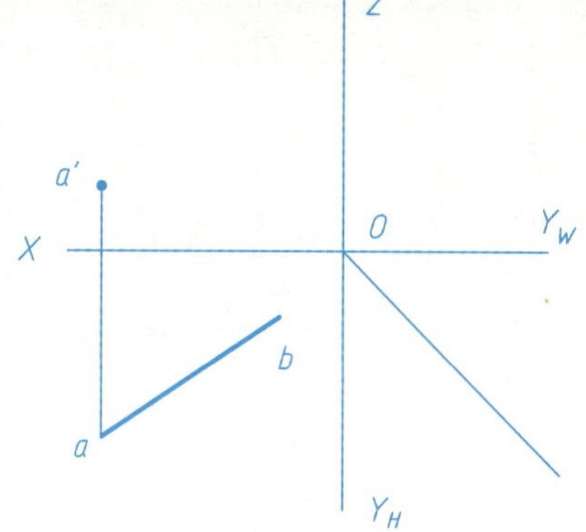

2）C 点距 V 面为 10mm。

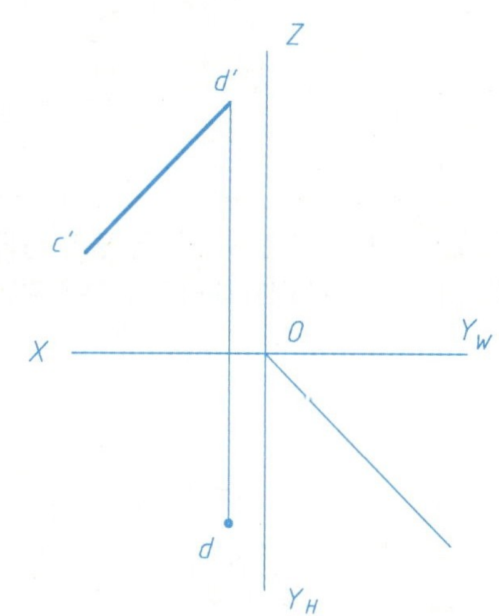

3）$AB\perp H$ 面，点 B 距 H 面为 5mm。

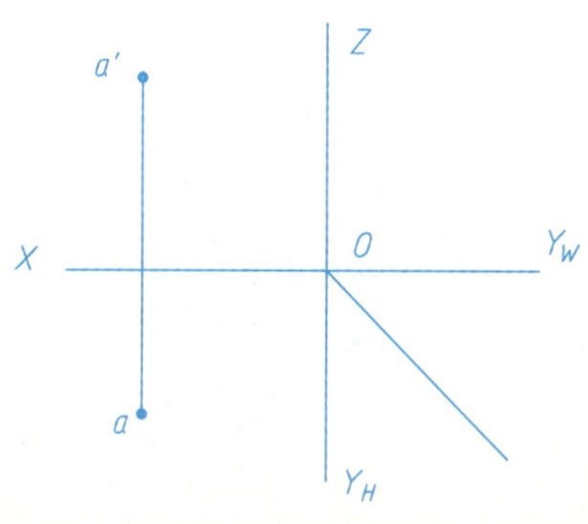

6.已知AB为水平线，对V面倾角为30°，实长为20mm，完成它的三面投影。有几解？

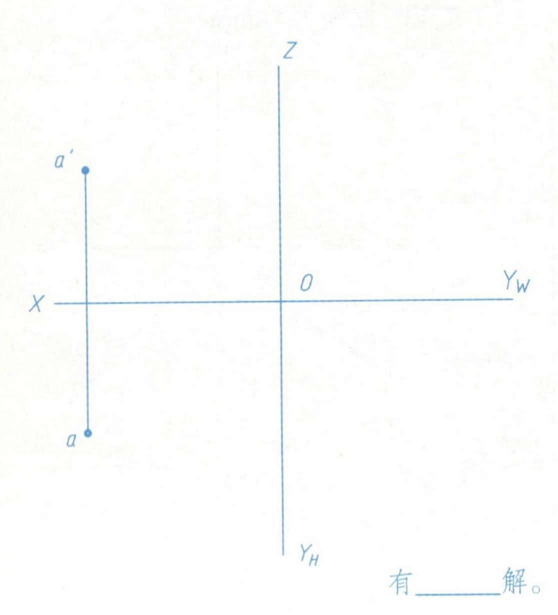

有______解。

7.过点A作正平线AB，使其对H面的倾角为30°，AB=30mm。有几解？

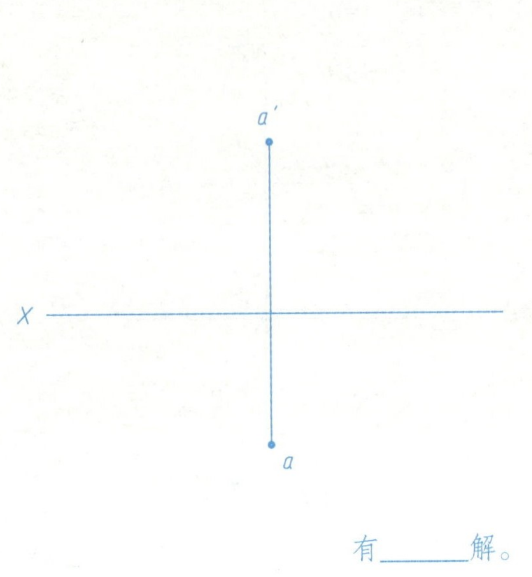

有______解。

8.在直线AB上求一点C，使AC：CB=5：2，作出点C的投影。

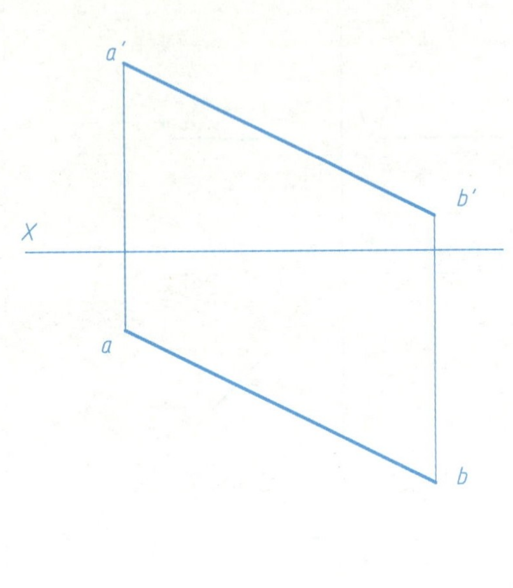

9. 已知点K在AB上，作出K的正面投影。

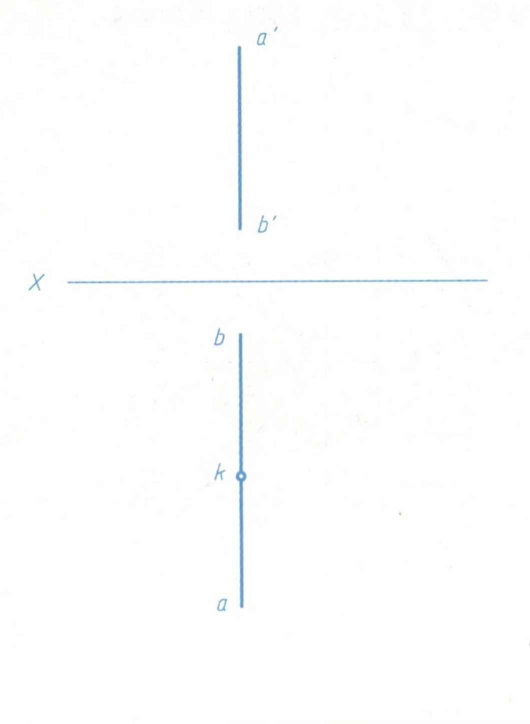

10. 已知点M、N分别属于五棱锥的棱线SA和SB，根据m求作m′和m″，根据n′求作n和n″。再作图判断点P是否属于棱锥的棱线SA。

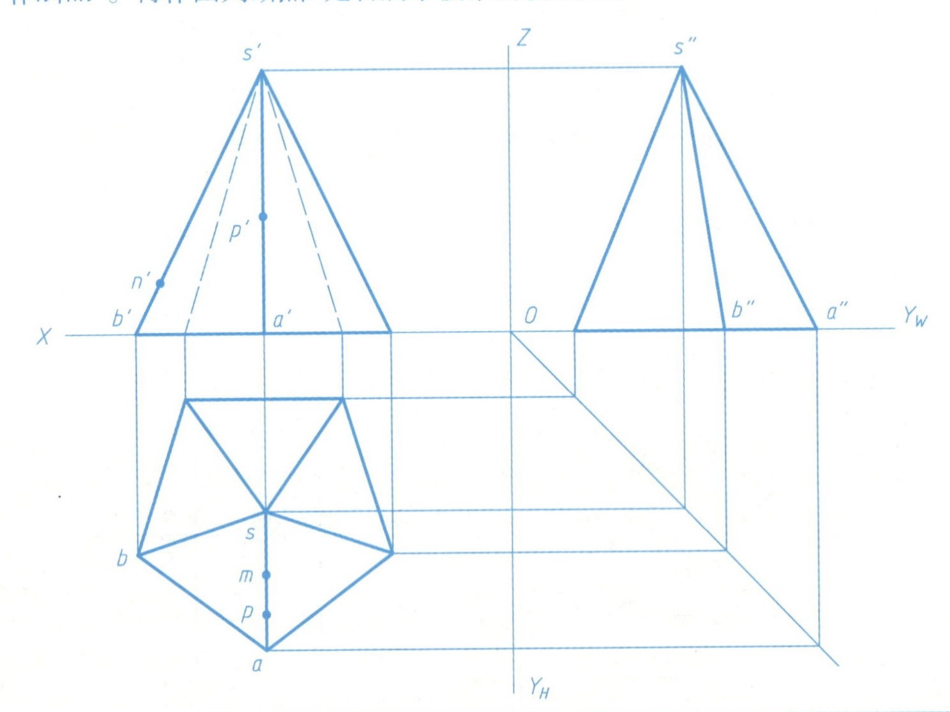

11. 已知Ⅰ、Ⅱ、Ⅲ三点分别在三棱锥的SA、SB、SC棱线上。求此三点的水平投影及侧面投影，然后将它们的同面投影用直线连接起来，并判断ⅠA、ⅢB、ⅢC直线的空间位置。

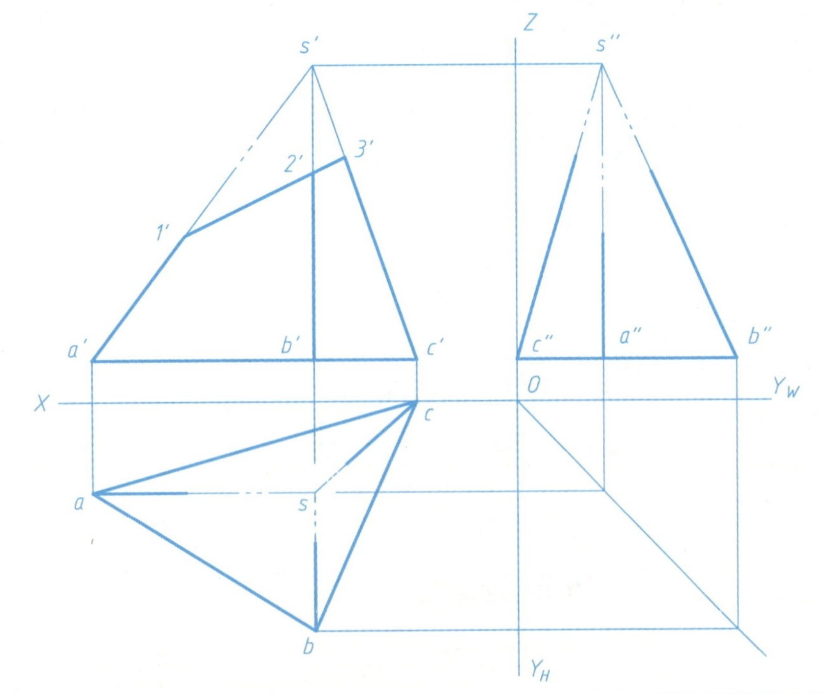

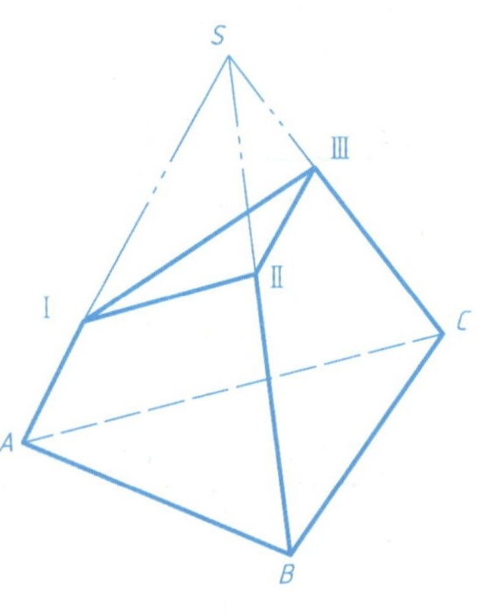

ⅠA是______线。
ⅡB是______线。
ⅢC是______线。

2—3　两直线的相对位置

1. 判别下列各题中两直线在空间的相对位置（平行、相交、交叉）。

1）

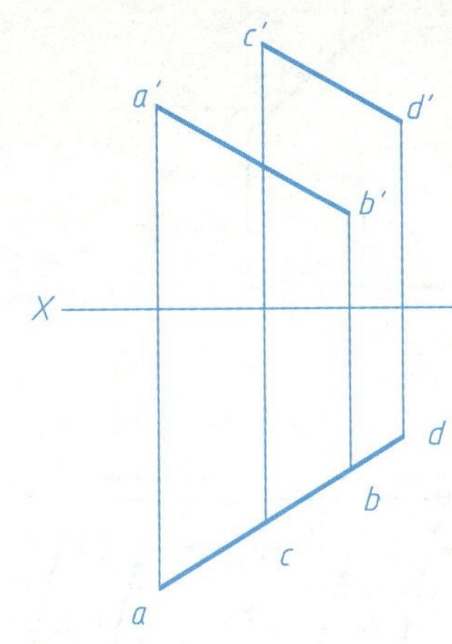

2）

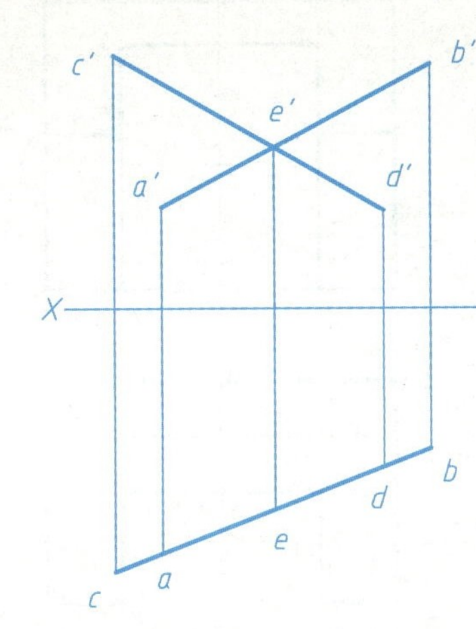

3）

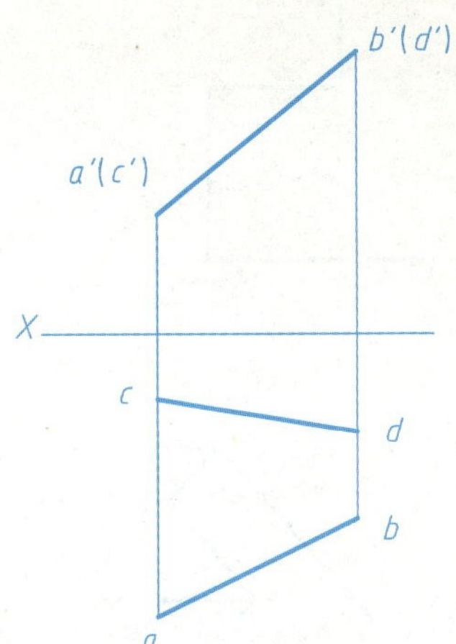

4）

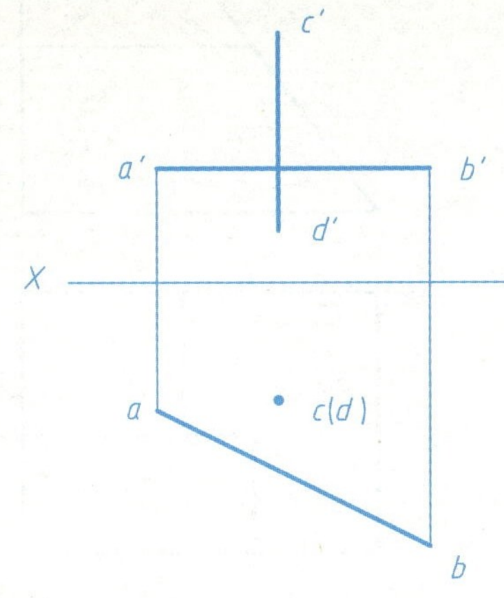

5）

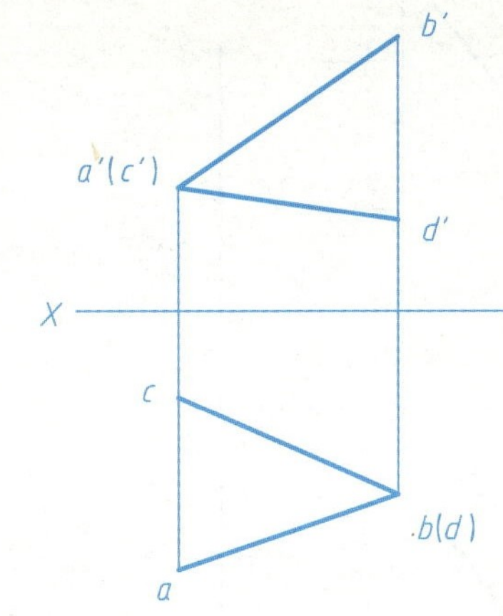

6）

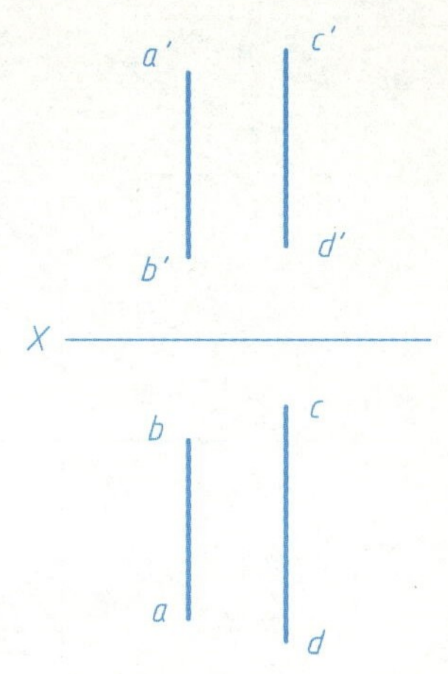

2. 标出重影点的正面投影及水平投影。

1）

2）

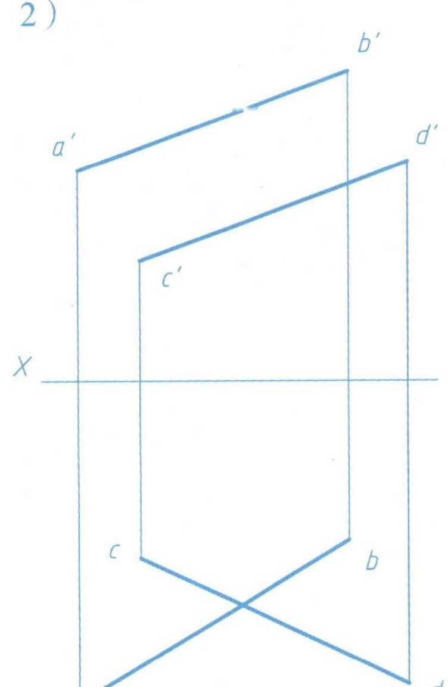

3. 完成AB、CD的三面投影，直线CD与AB相交，且交点距H、V面等距。

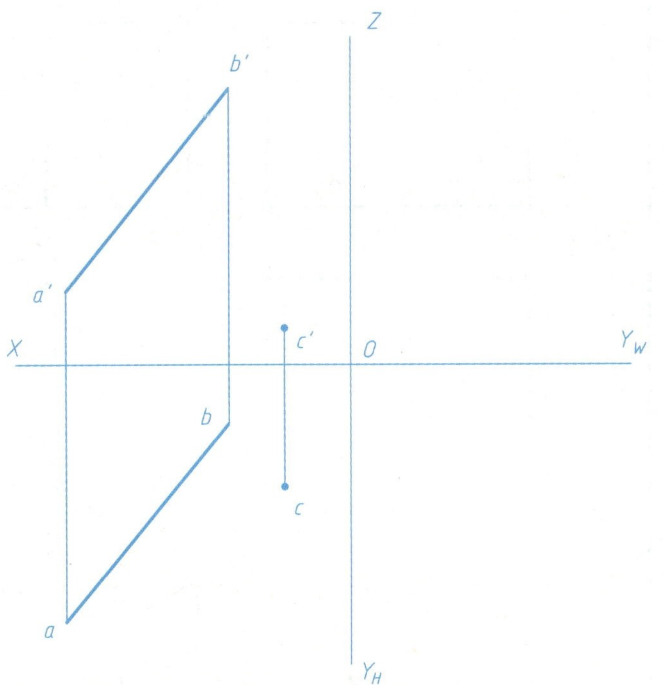

4. 完成 AB、CD 的三面投影，直线 CD 与 AB 平行。

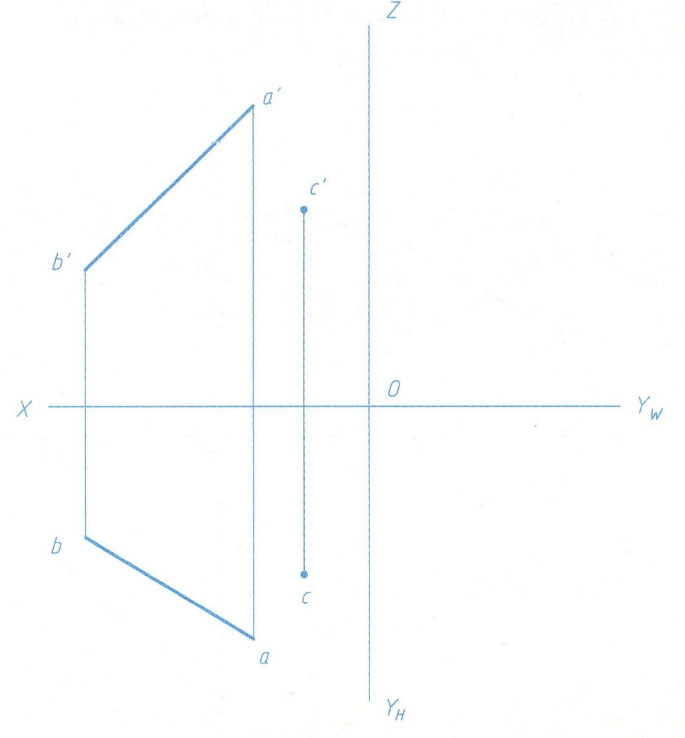

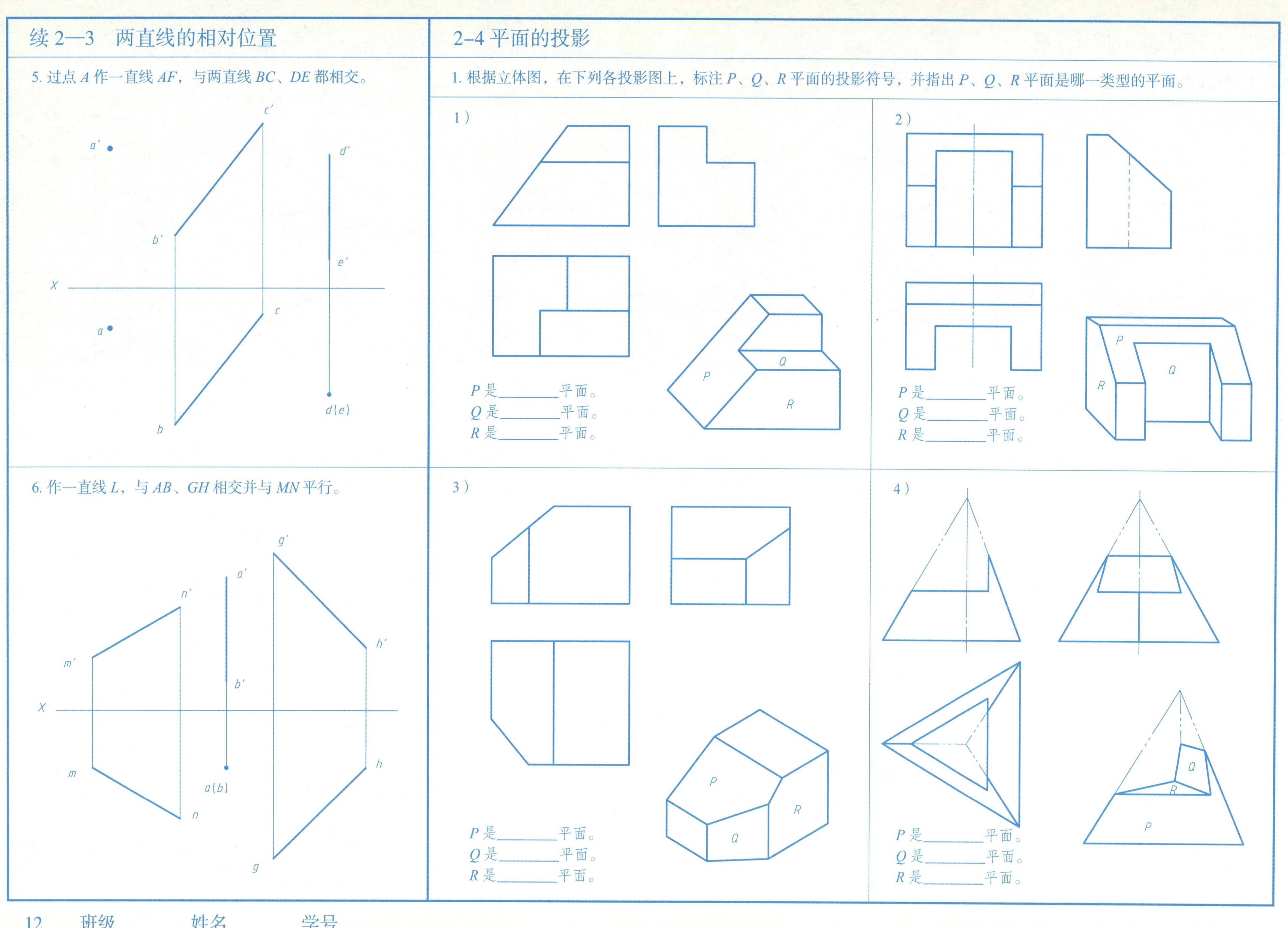
续 2—3 两直线的相对位置
5. 过点 A 作一直线 AF，与两直线 BC、DE 都相交。
c′
a′
d′
b′
e′
X
c
a
d(e)
b
6. 作一直线 L，与 AB、GH 相交并与 MN 平行。
g′
a′
n′
h′
m′
b′
X
h
m
a(b)
n
g
2-4 平面的投影
1. 根据立体图，在下列各投影图上，标注 P、Q、R 平面的投影符号，并指出 P、Q、R 平面是哪一类型的平面。
1）
Q
P
R
P 是________平面。
Q 是________平面。
R 是________平面。
2）
P
Q
R
P 是________平面。
Q 是________平面。
R 是________平面。
3）
P
R
Q
P 是________平面。
Q 是________平面。
R 是________平面。
4）
Q
R
P
P 是________平面。
Q 是________平面。
R 是________平面。

续 2—4 平面的投影

2. 补全下列平面的第三投影，并说明它们是哪种位置的平面。

1）

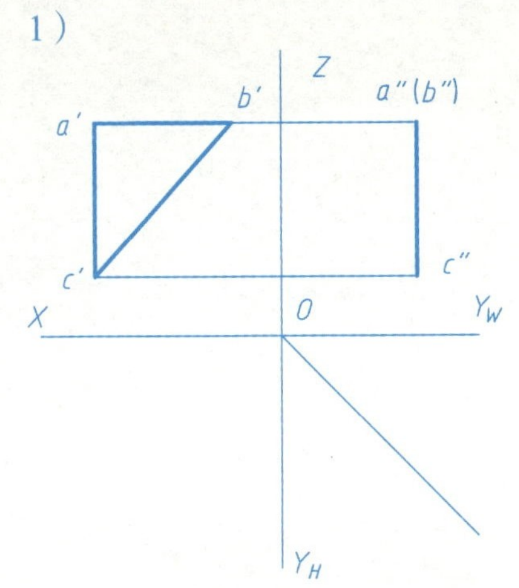

平面是________面。

2）

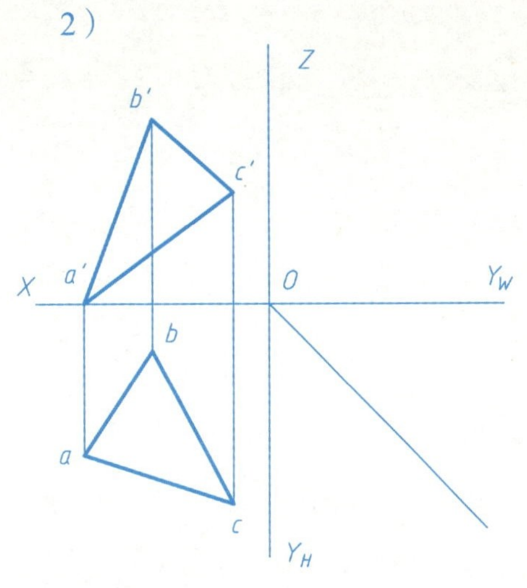

平面是________面。

3）

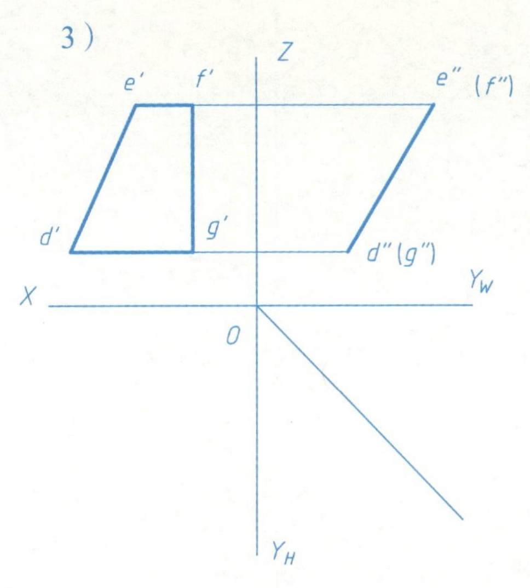

平面是________面。

4）

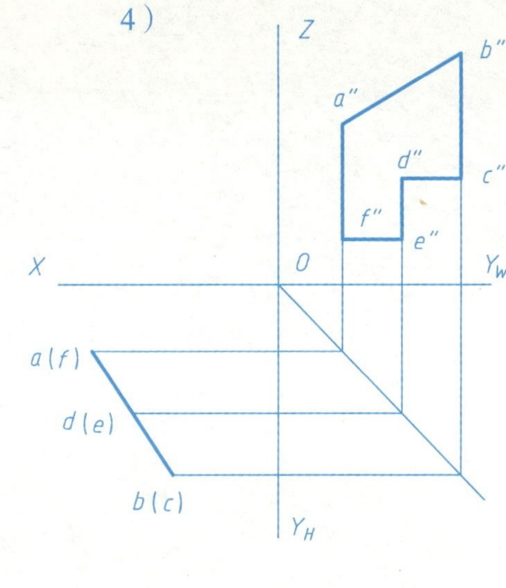

平面是________面。

5）

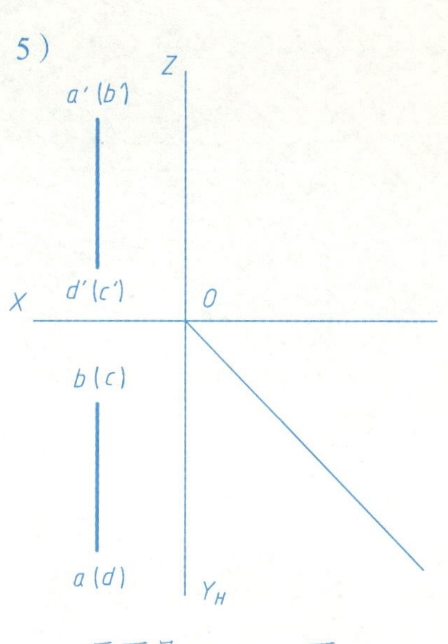

平面是________面。

3.已知四边形*ABCD*上点*K*的水平投影*k*，求其正面投影。

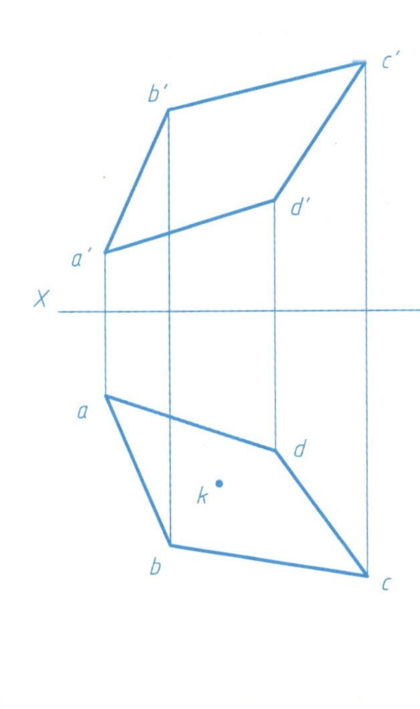

4.作图判断点*K*、*L*是否在△*ABC*上？

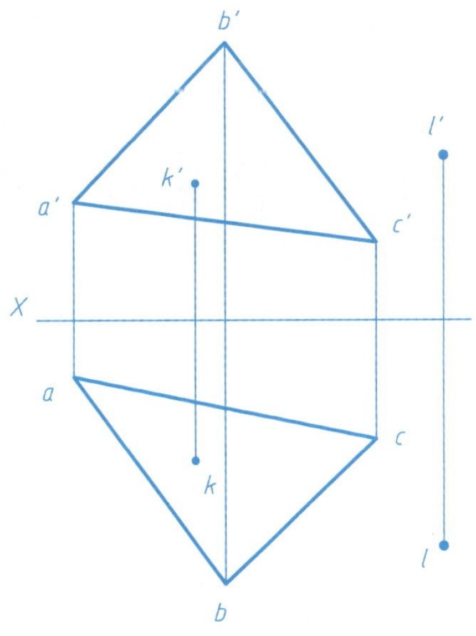

点*K*______△*ABC*上。

点*L*______△*ABC*上。

5.在平面*ABCD*上作一点*K*，使之距*H*、*V*两面均为20mm。

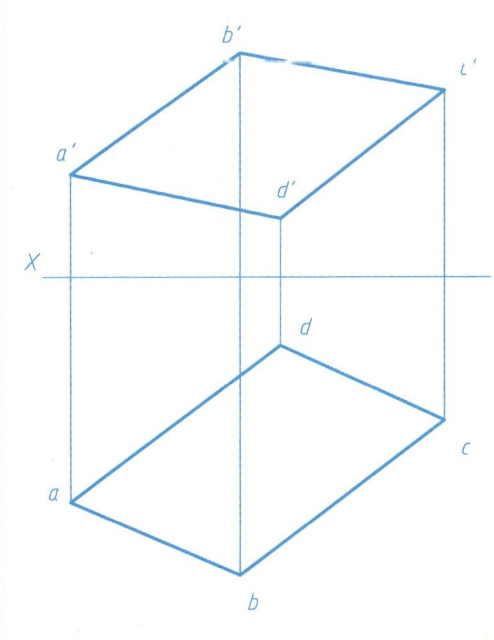

6.补全五边形的*V*面投影。

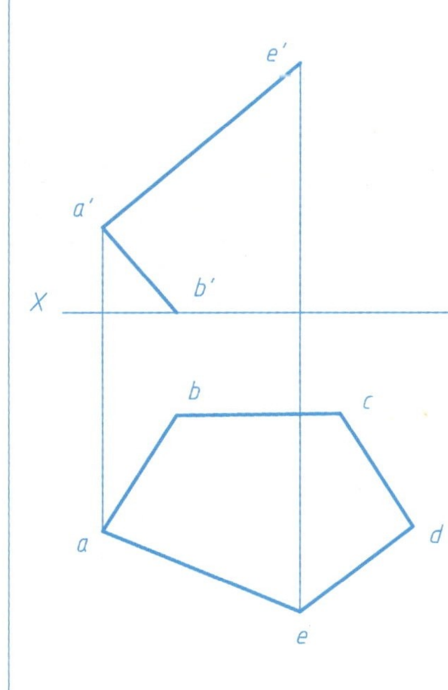

7.试在平面三角形*ABC*内作一正平线*CE*，*E*点距*H*面20mm。

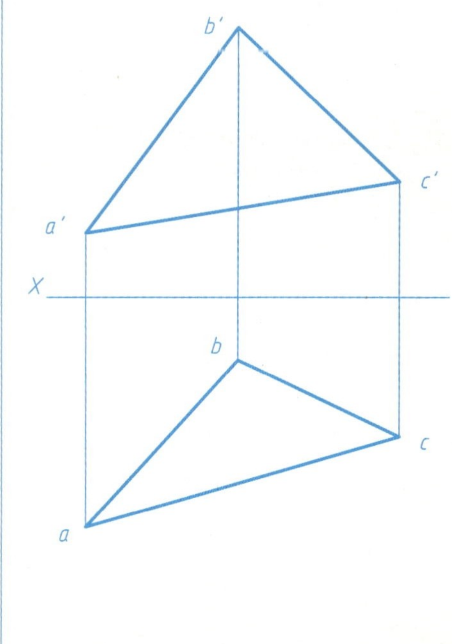

续 2—4　平面的投影

8. 四棱柱的左端面为一铅垂面，试完成该棱柱的正面投影。

9. 正六棱柱的上端面为一正垂面，试完成该棱柱的侧面投影。

10. “工”字型棱柱左端为一正垂面，试完成该棱柱的水平投影。

11. 四棱柱的前端面为一侧垂面，且开有垂直通槽，试完成该棱柱的水平投影。

3—1　画立体的侧面投影，并求出表面上各点的另外两个投影

1.

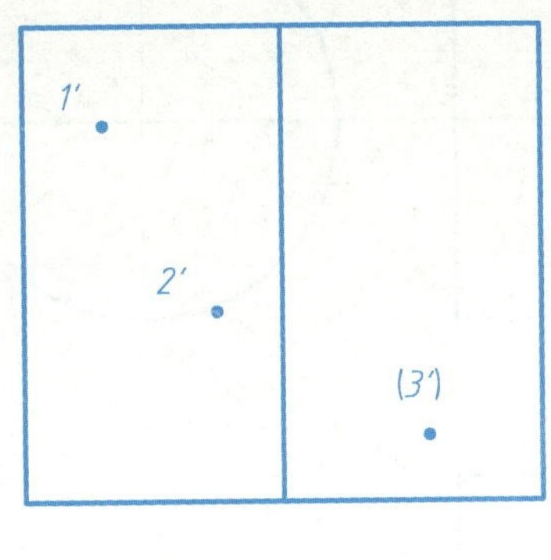

2.

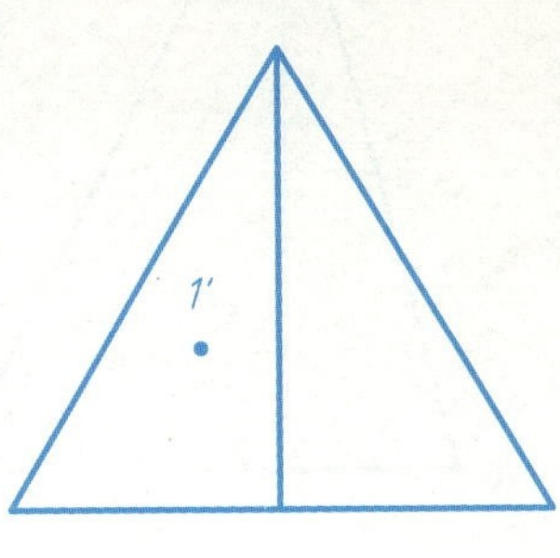

3.

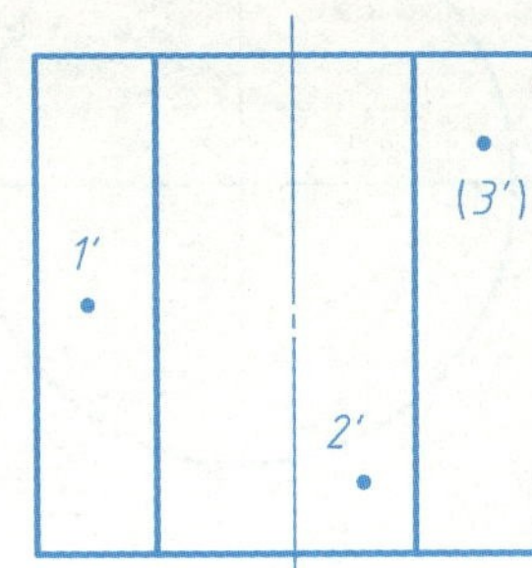

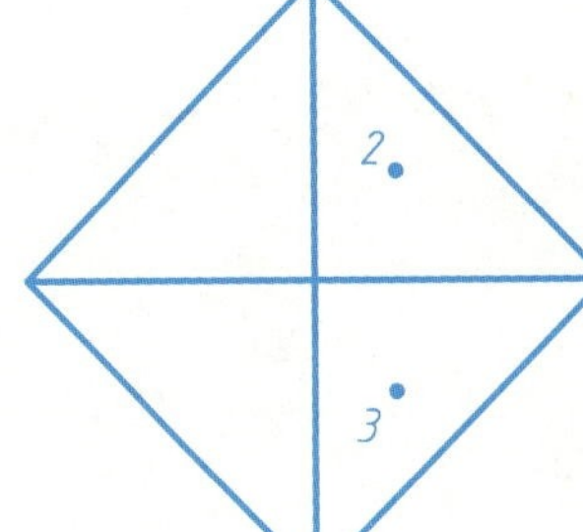

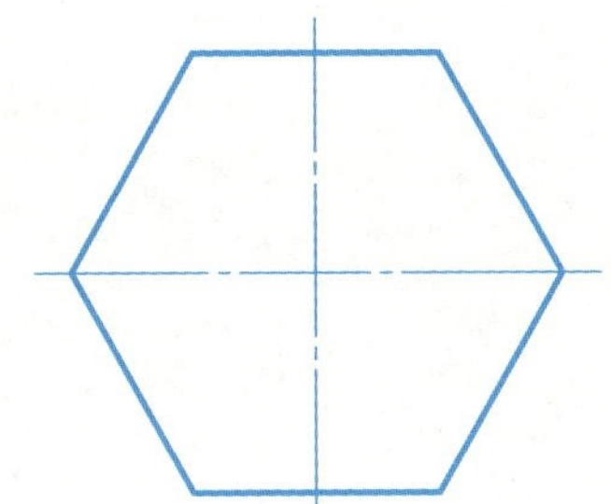

3—2　求作立体表面上点的另外两个投影

1.

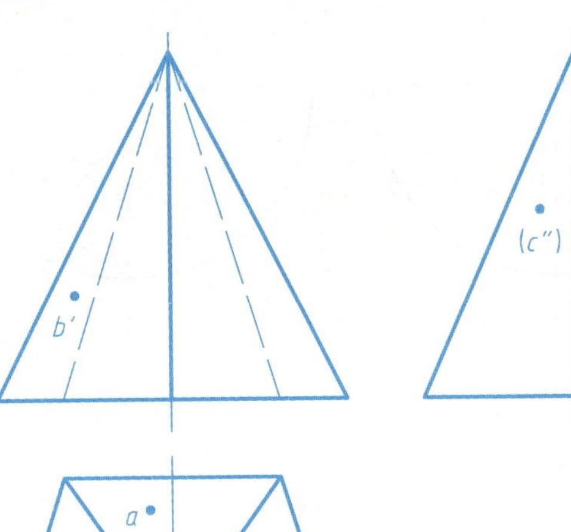

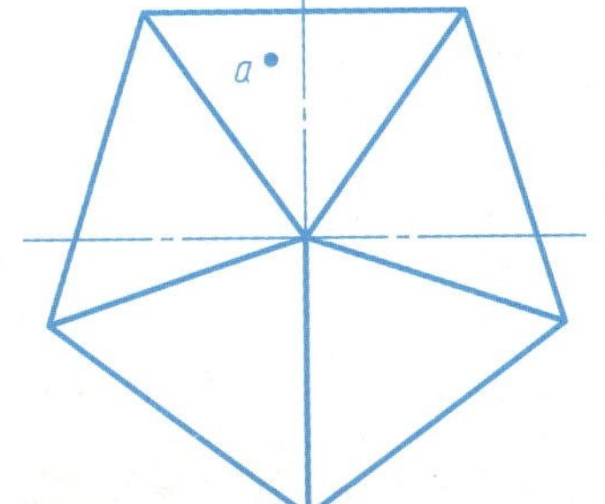

2.

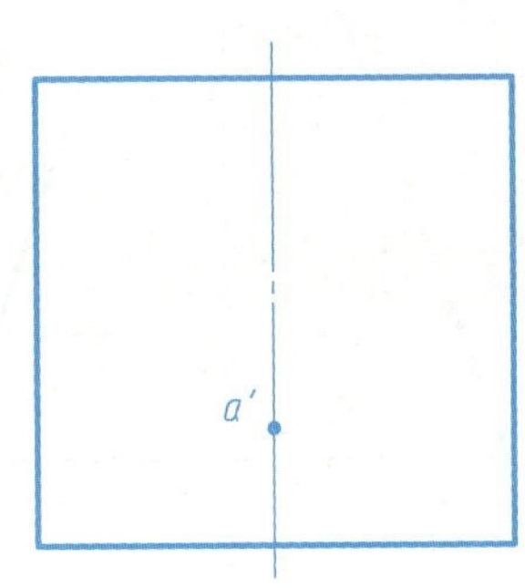

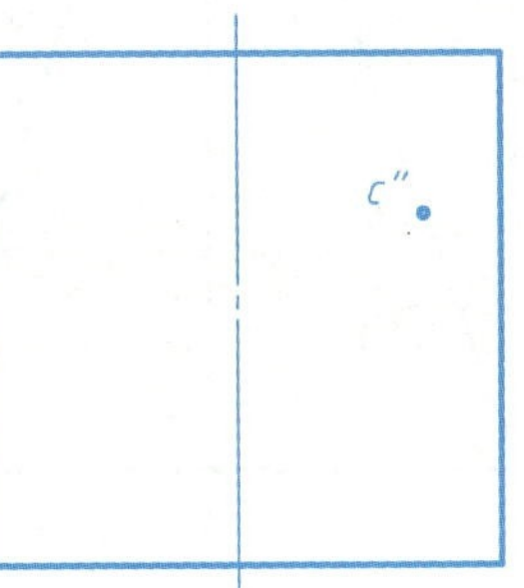

(b)

3.

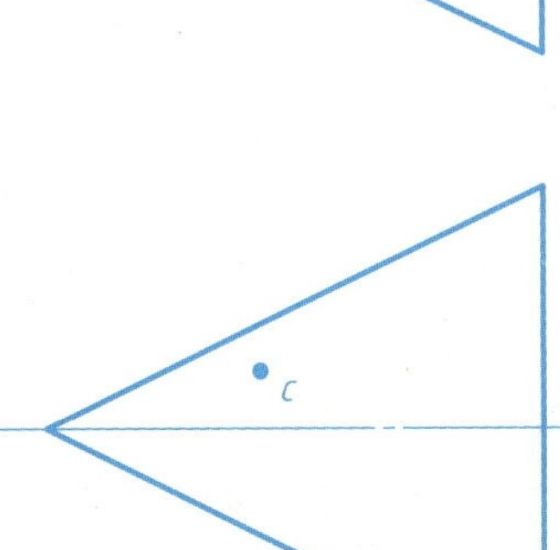

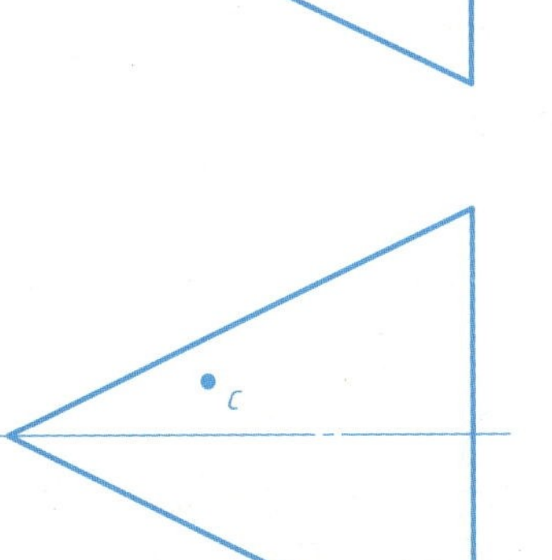

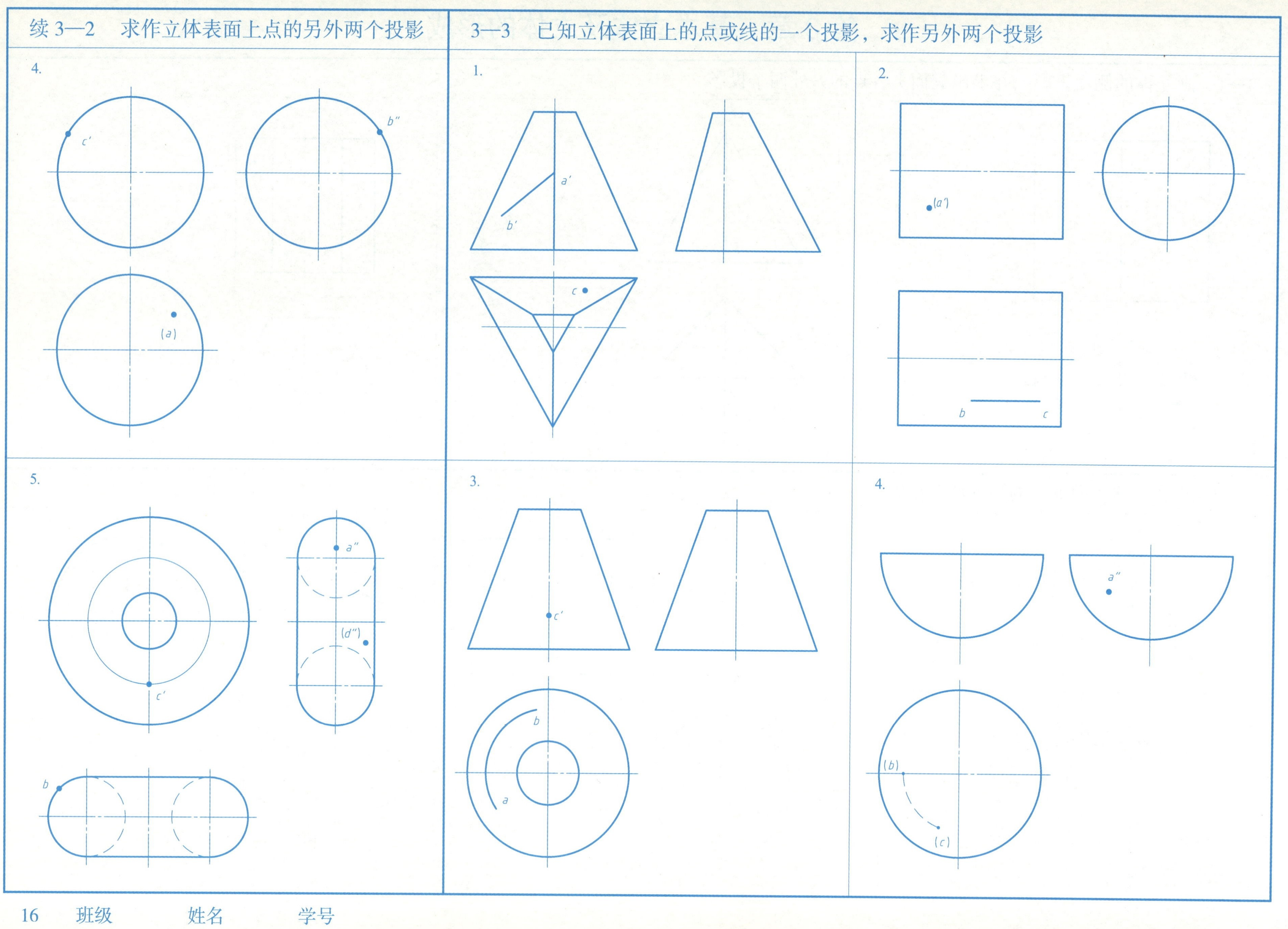
续 3—2　求作立体表面上点的另外两个投影
3—3　已知立体表面上的点或线的一个投影，求作另外两个投影
4.
c′
b″
(a)
1.
a′
b′
c
2.
(a′)
b
c
5.
a″
(d″)
c′
b
3.
c′
b
a
4.
a″
(b)
(c)

第 4 章　截交线与相贯线

4—1　完成下列截断体的三面投影

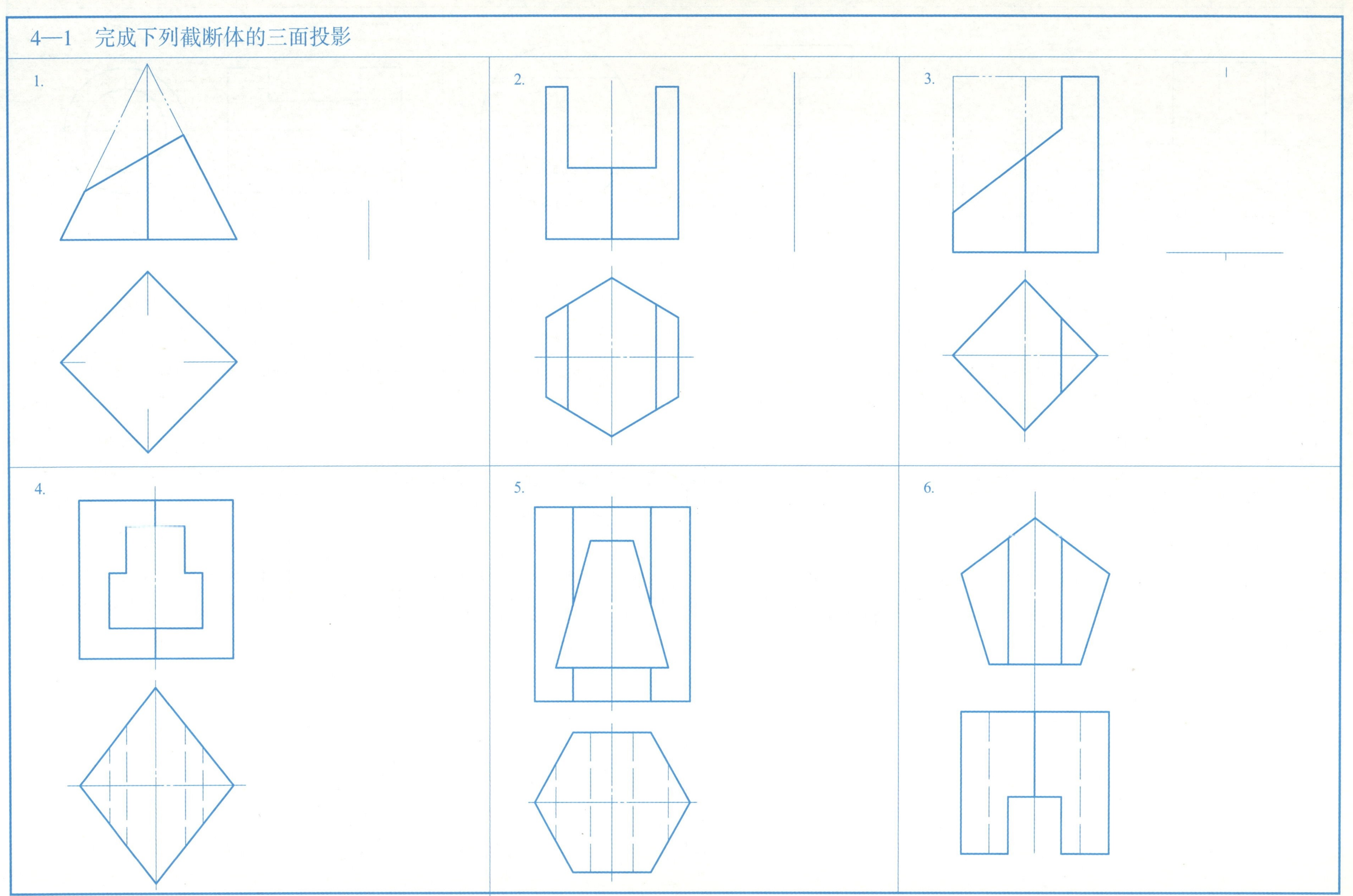

续 4—1　完成下列截断体的三面投影

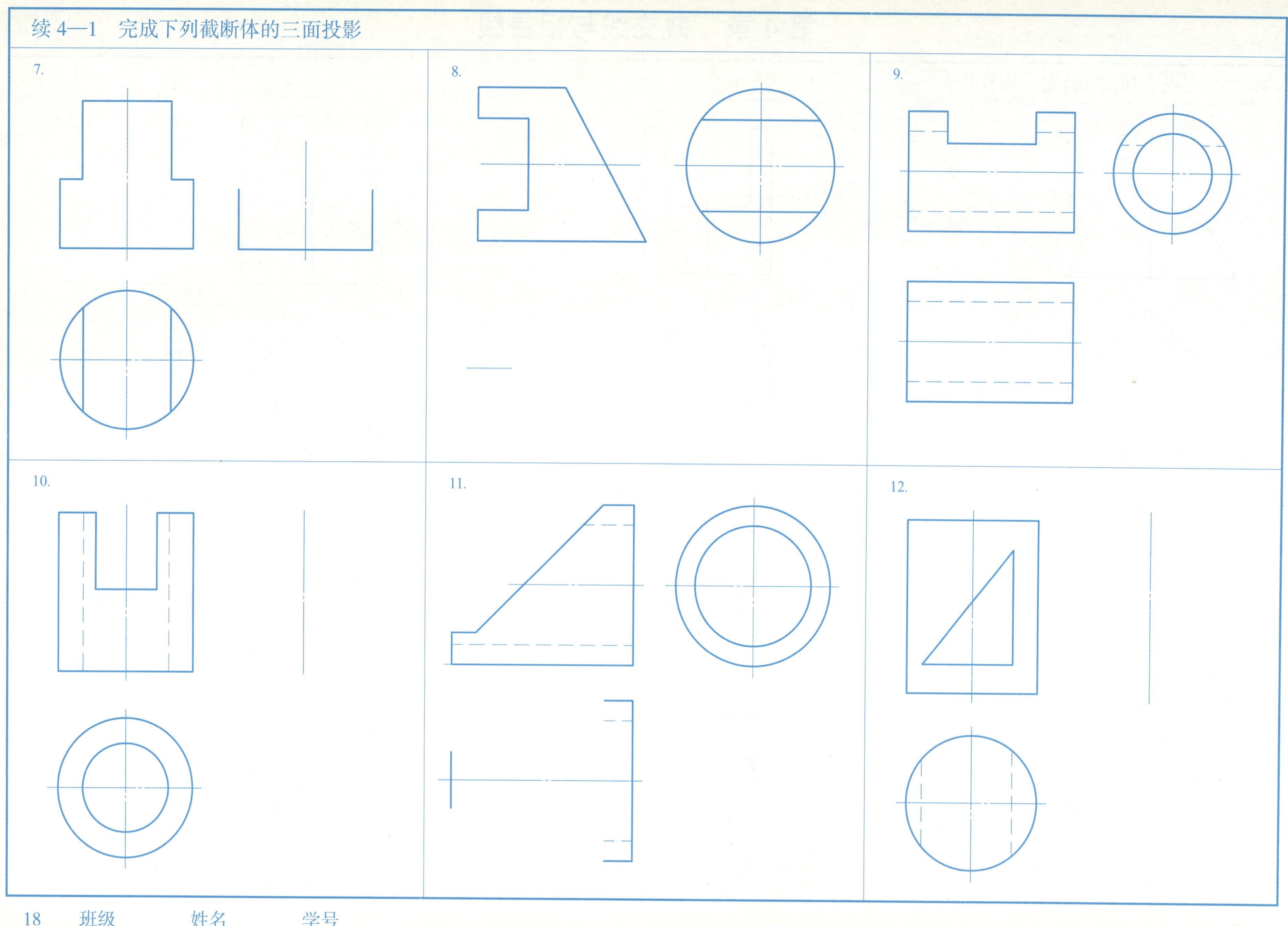

续 4—1　完成下列截断体的三面投影

13.

14.

15.

16.

17.

18.

$S\phi$

4—2　完成下列组合回转体被截切后的三面投影

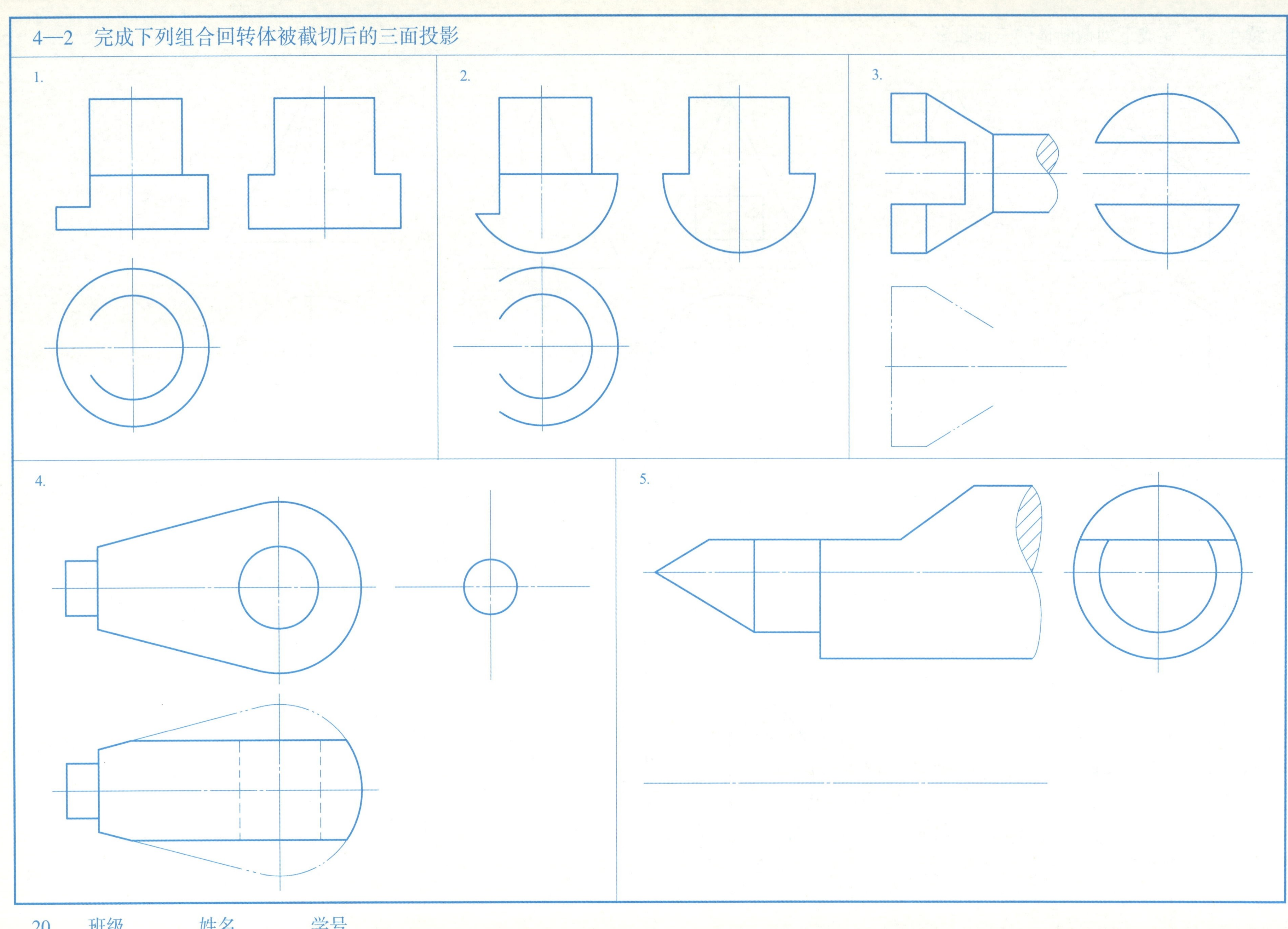

 班级　　　　姓名　　　　学号

4—3 求作相贯线

1. 求四棱柱与圆柱的相贯线。

2. 求圆柱上开方孔的相贯线。

3. 求圆柱上开六棱柱孔的相贯线。

4. 求三棱柱与圆柱的相贯线。

5. 求圆柱与四棱锥的相贯线。

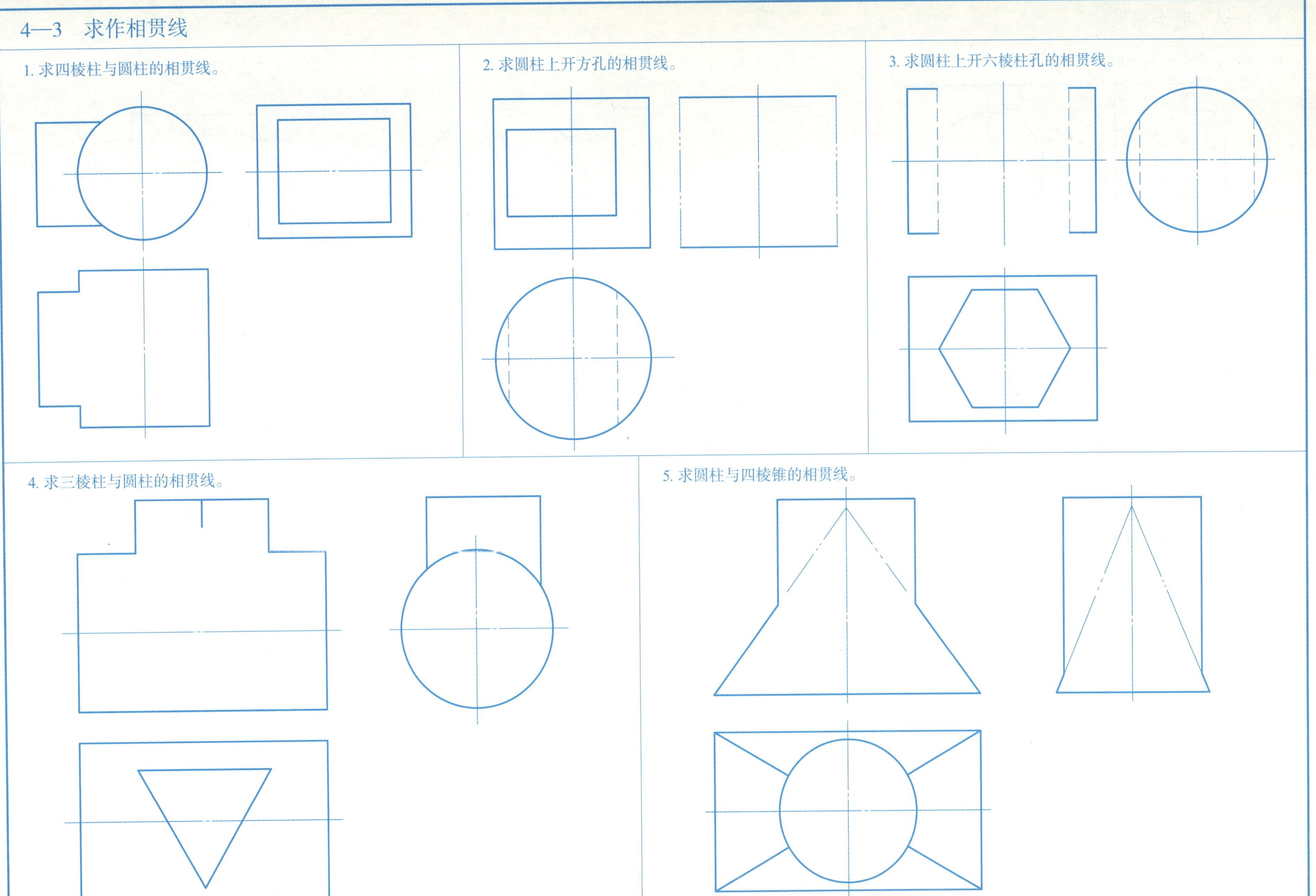

续 4—3　求作相贯线

6. 求圆柱与圆柱正交的相贯线。

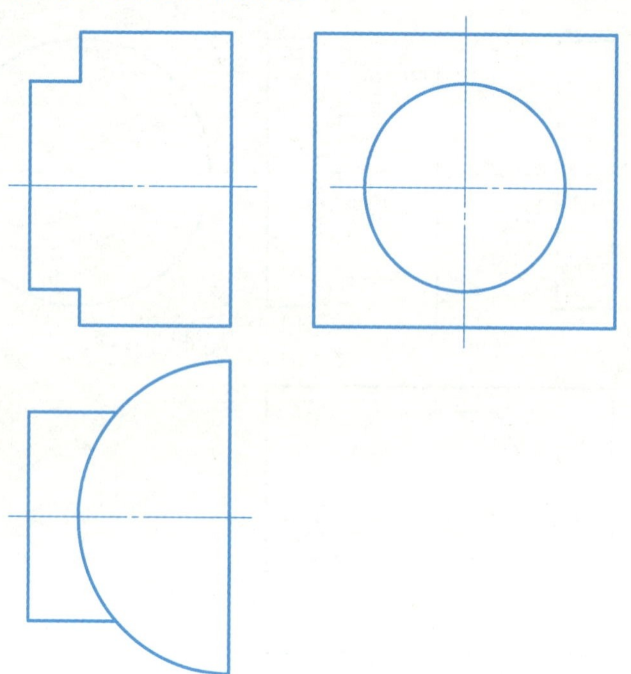

7. 求半圆柱上打圆孔的相贯线。

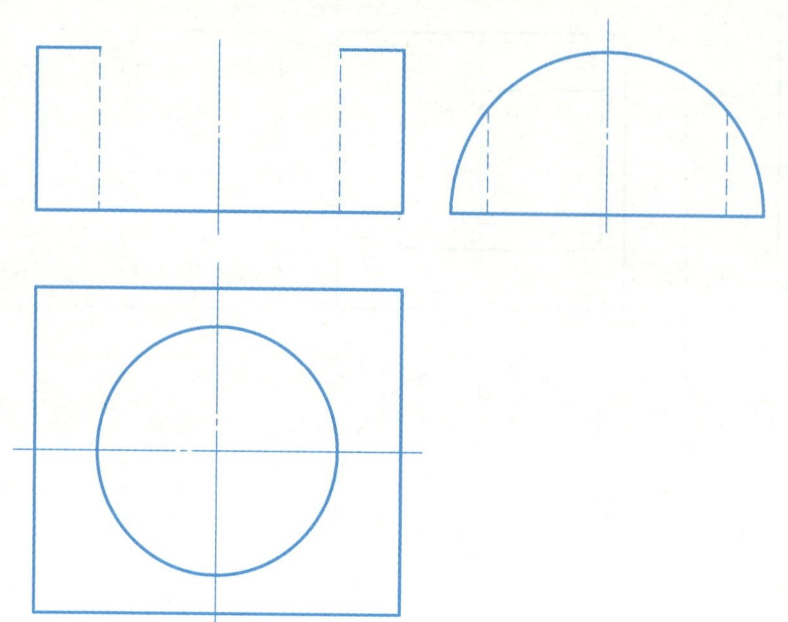

8. 求两等径圆柱正交的相贯线。

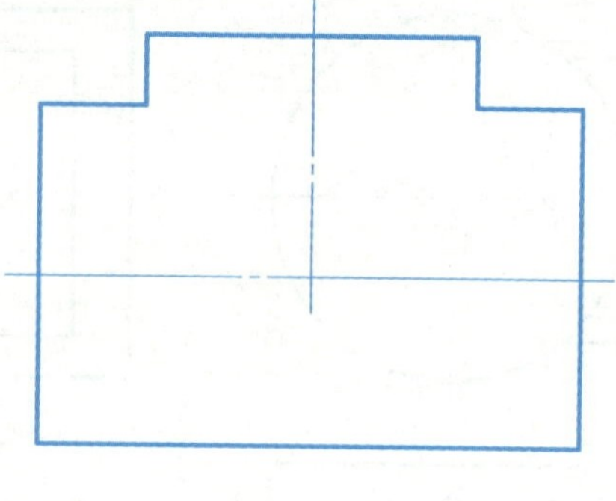

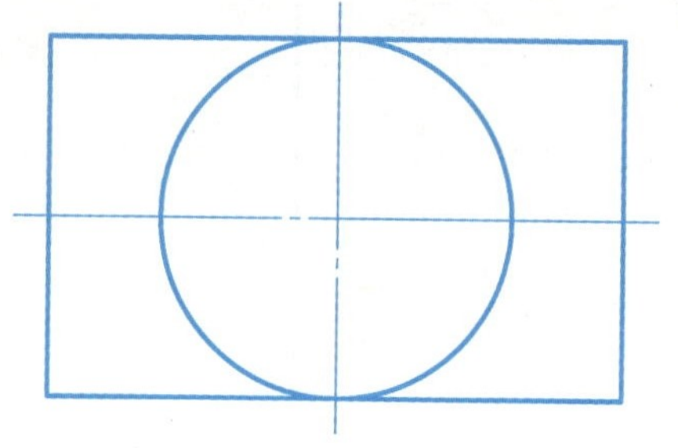

4—4　用近似画法求作轴线垂直的圆柱面的相贯线

1. 求半圆筒与圆筒正交的相贯线。

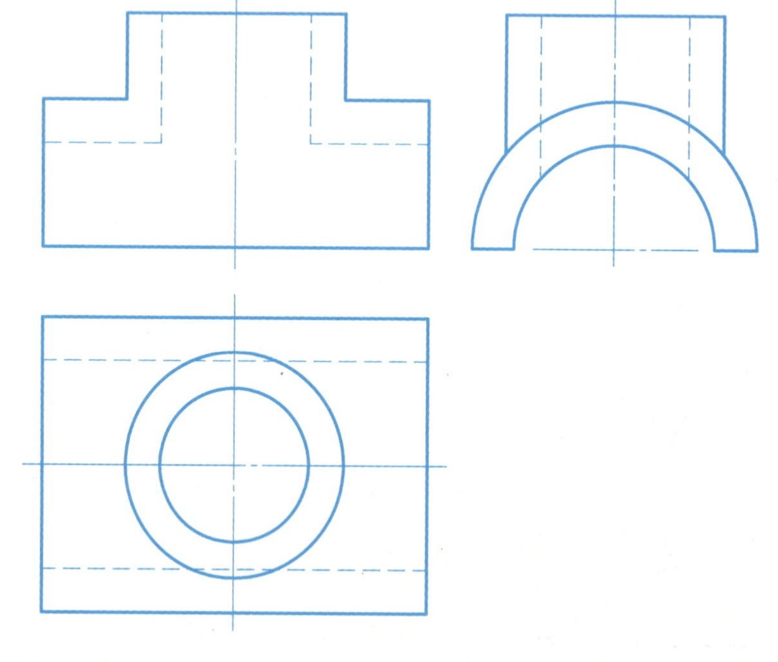

2. 求两内圆柱面相交的相贯线。

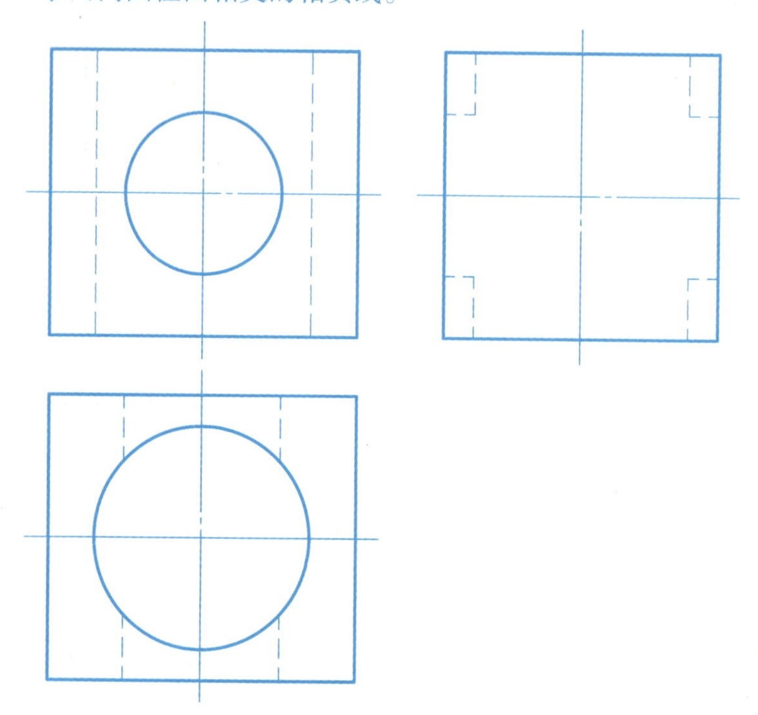

3. 求半圆筒上开圆孔的相贯线。

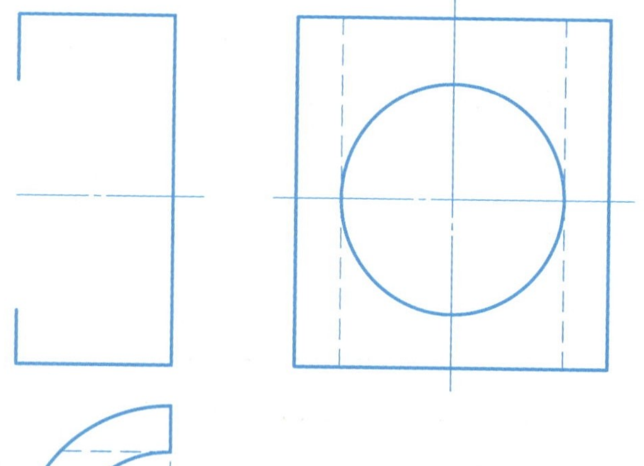

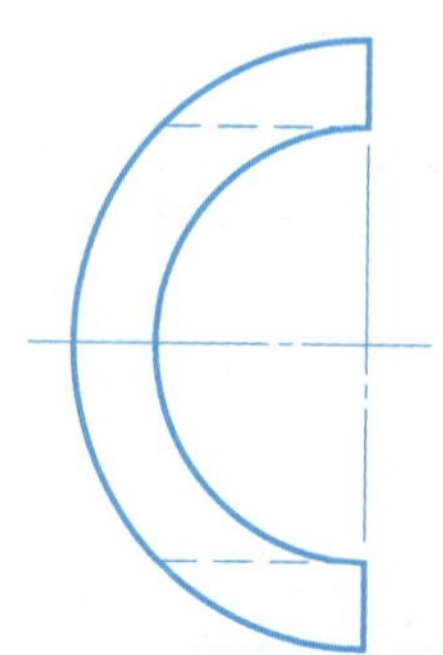

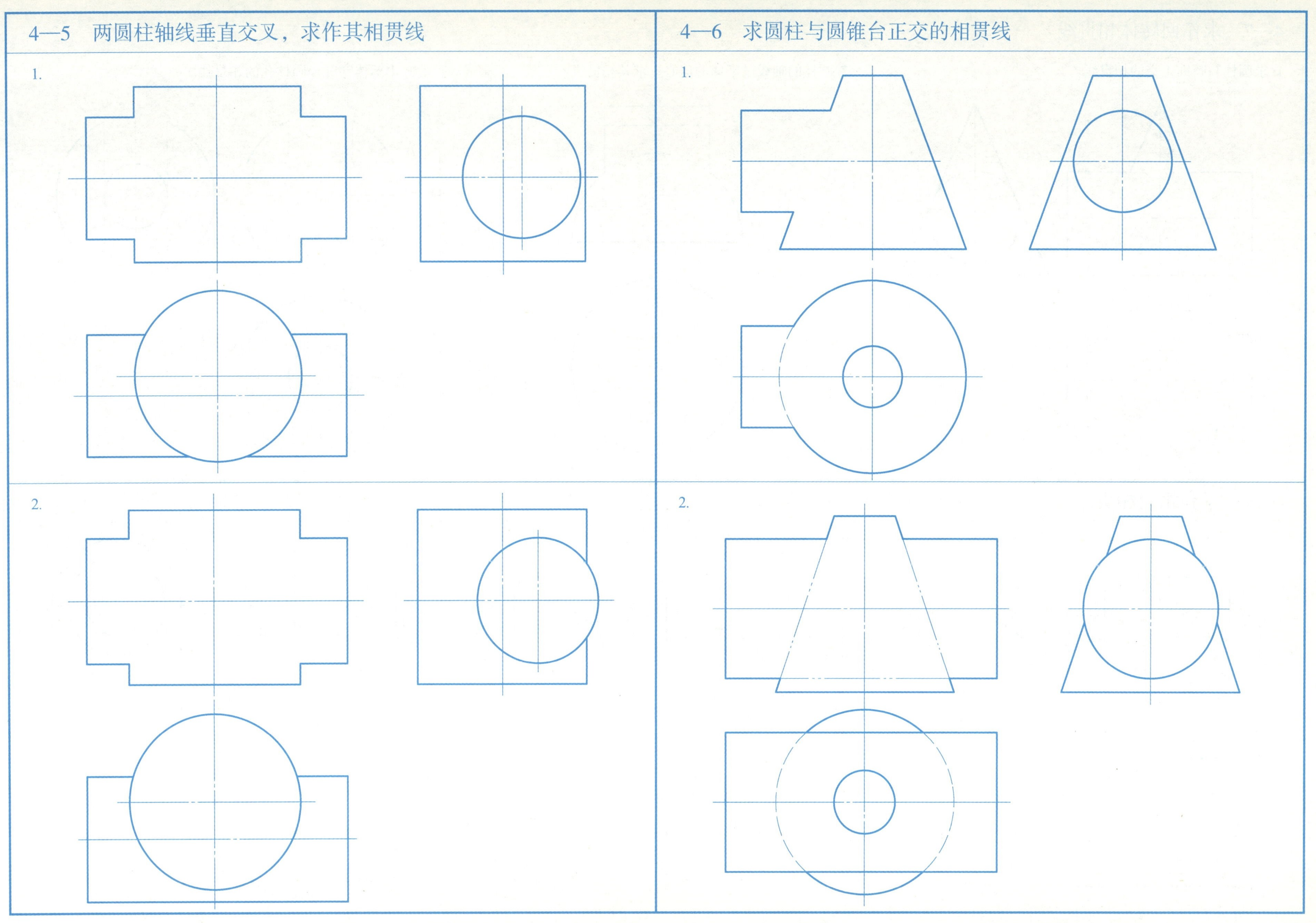
4—5 两圆柱轴线垂直交叉，求作其相贯线
1.
2.
4—6 求圆柱与圆锥台正交的相贯线
1.
2.

4—7 求作回转体相贯线

1. 求圆柱与圆锥正交的相贯线。

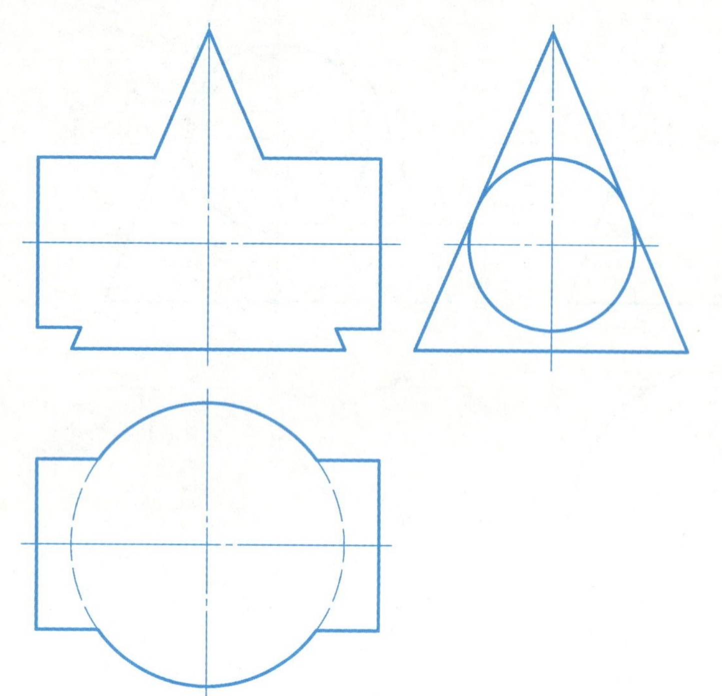

2. 圆柱的轴线过半球的球心，求其相贯线。

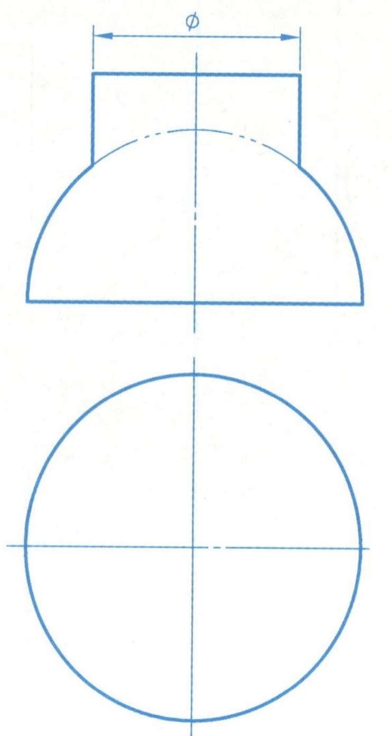

3. 求球体穿等径圆柱孔的相贯线。

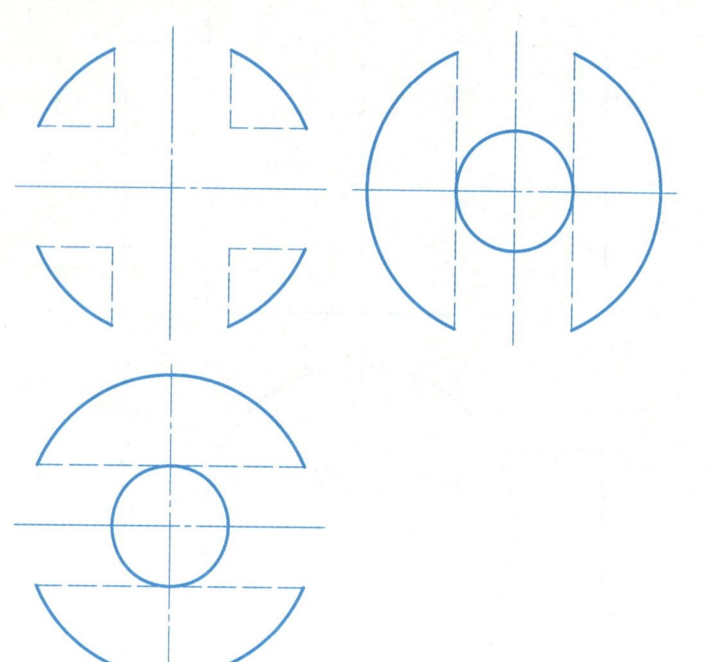

4—8 求作组合相贯线

1.

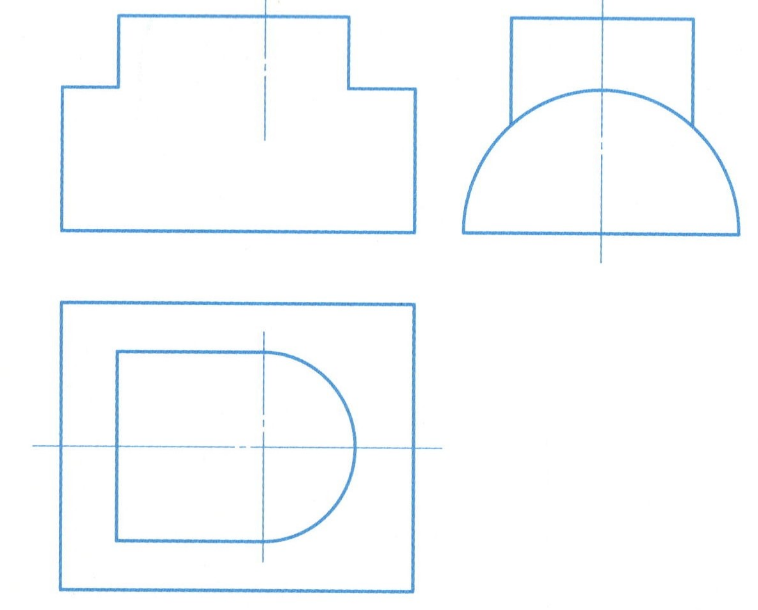

2.

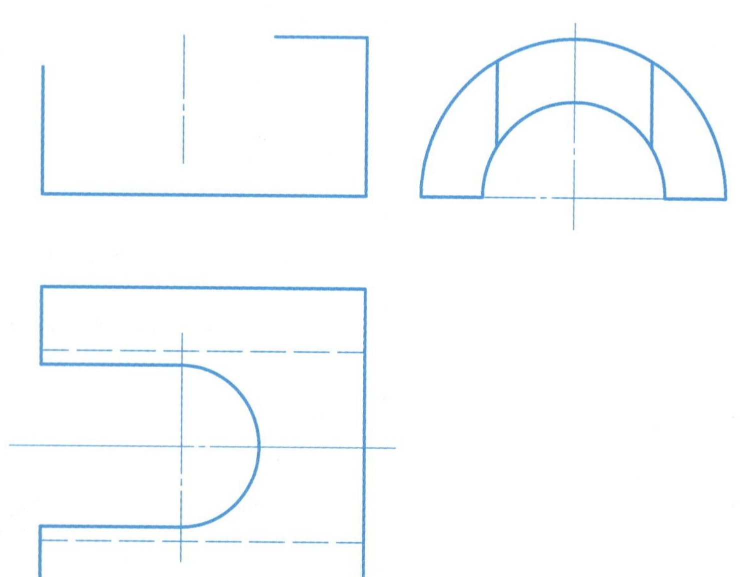

3.

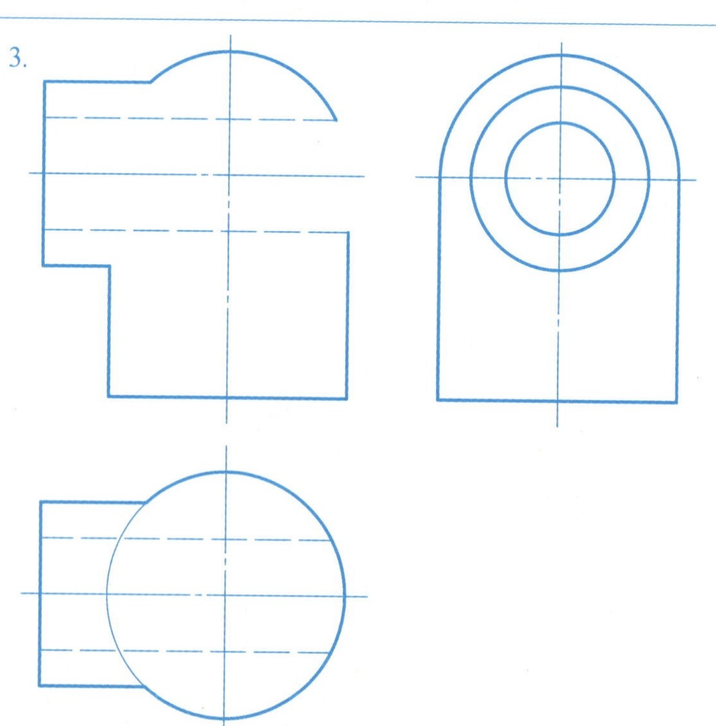

续 4—8　求作组合相贯线

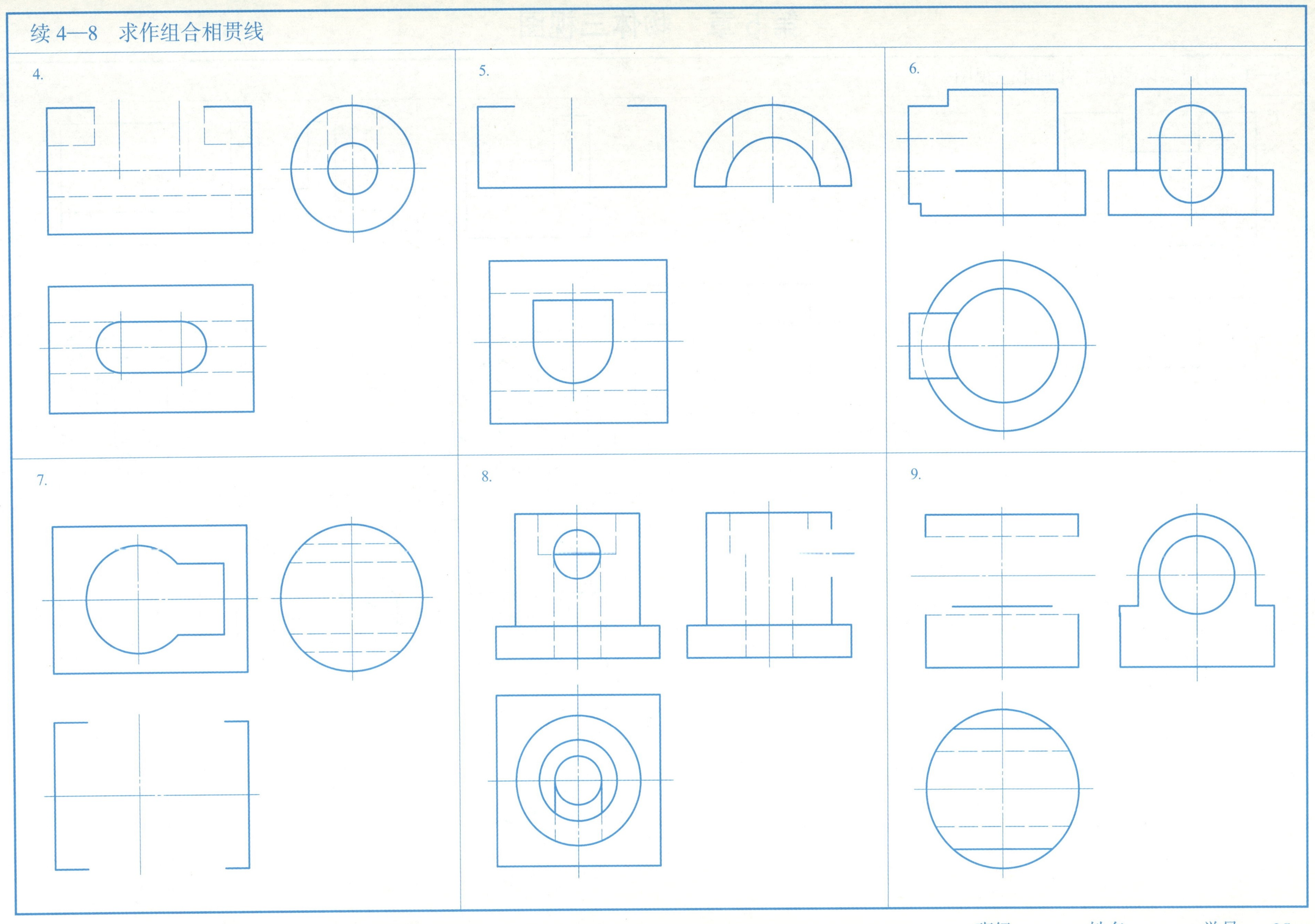

第 5 章　物体三视图

5—1　对照立体图徒手补画第三视图

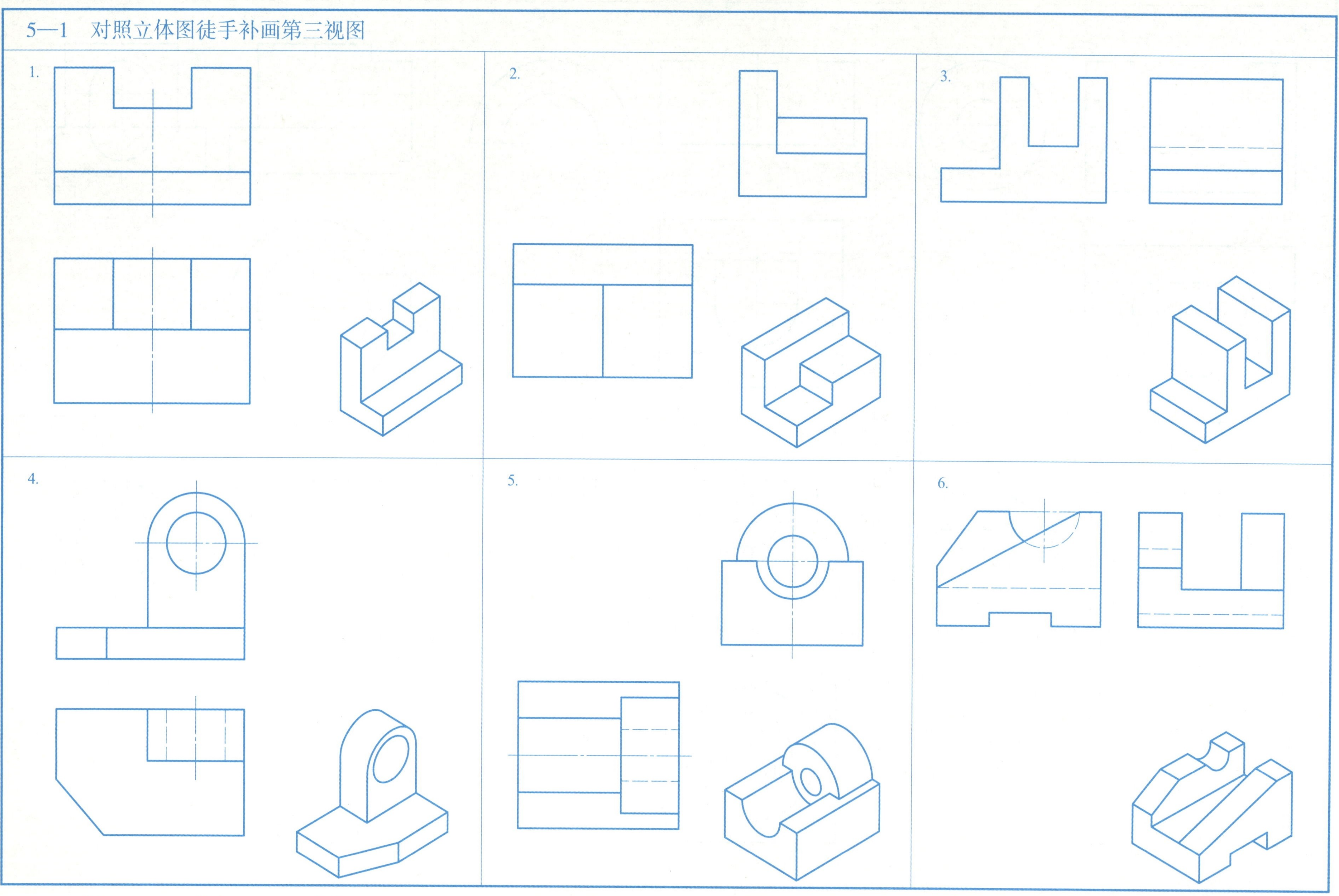

5—2 根据立体图所注尺寸，画组合体的三视图

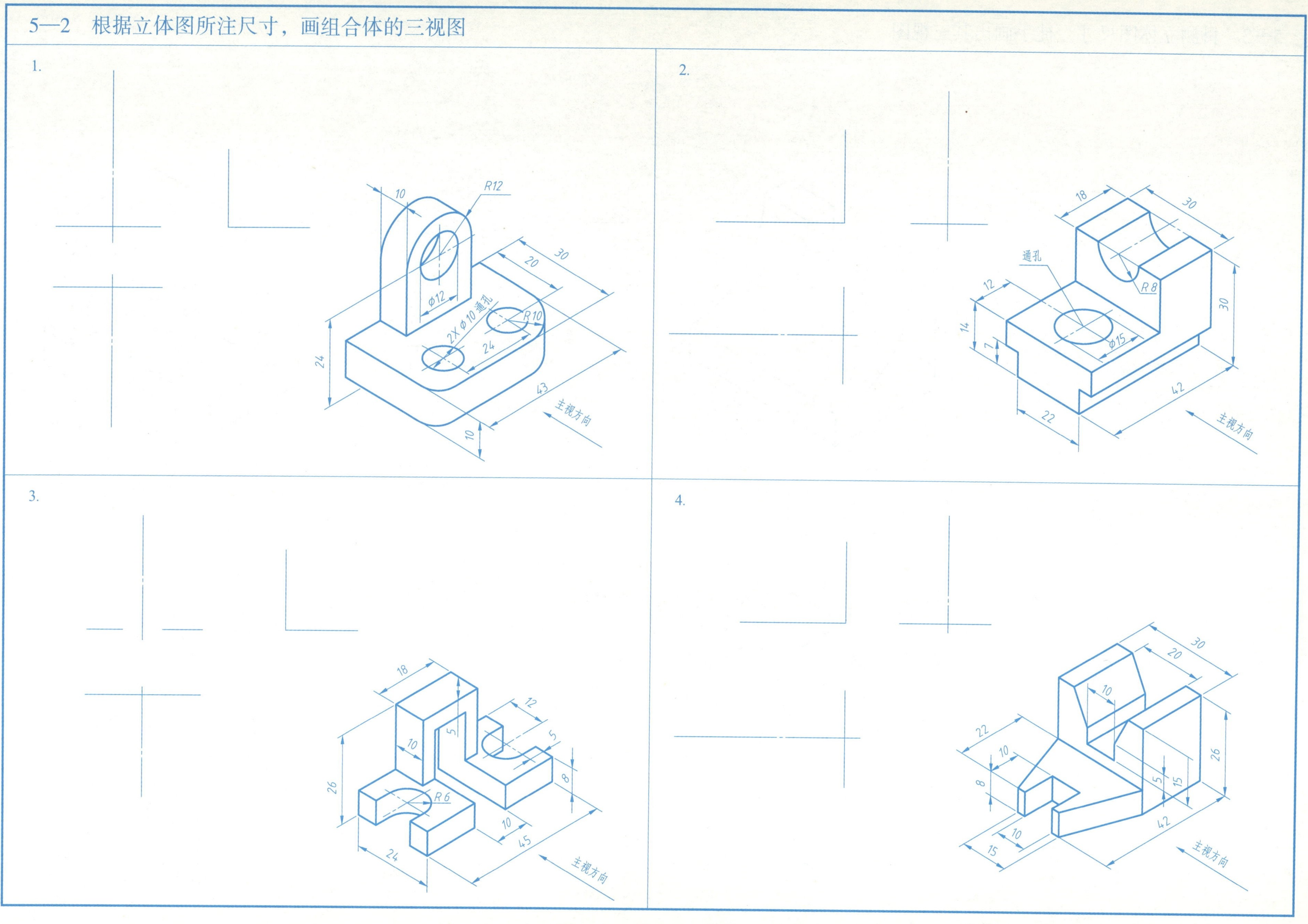

5—3 目测立体图尺寸，徒手画出其三视图

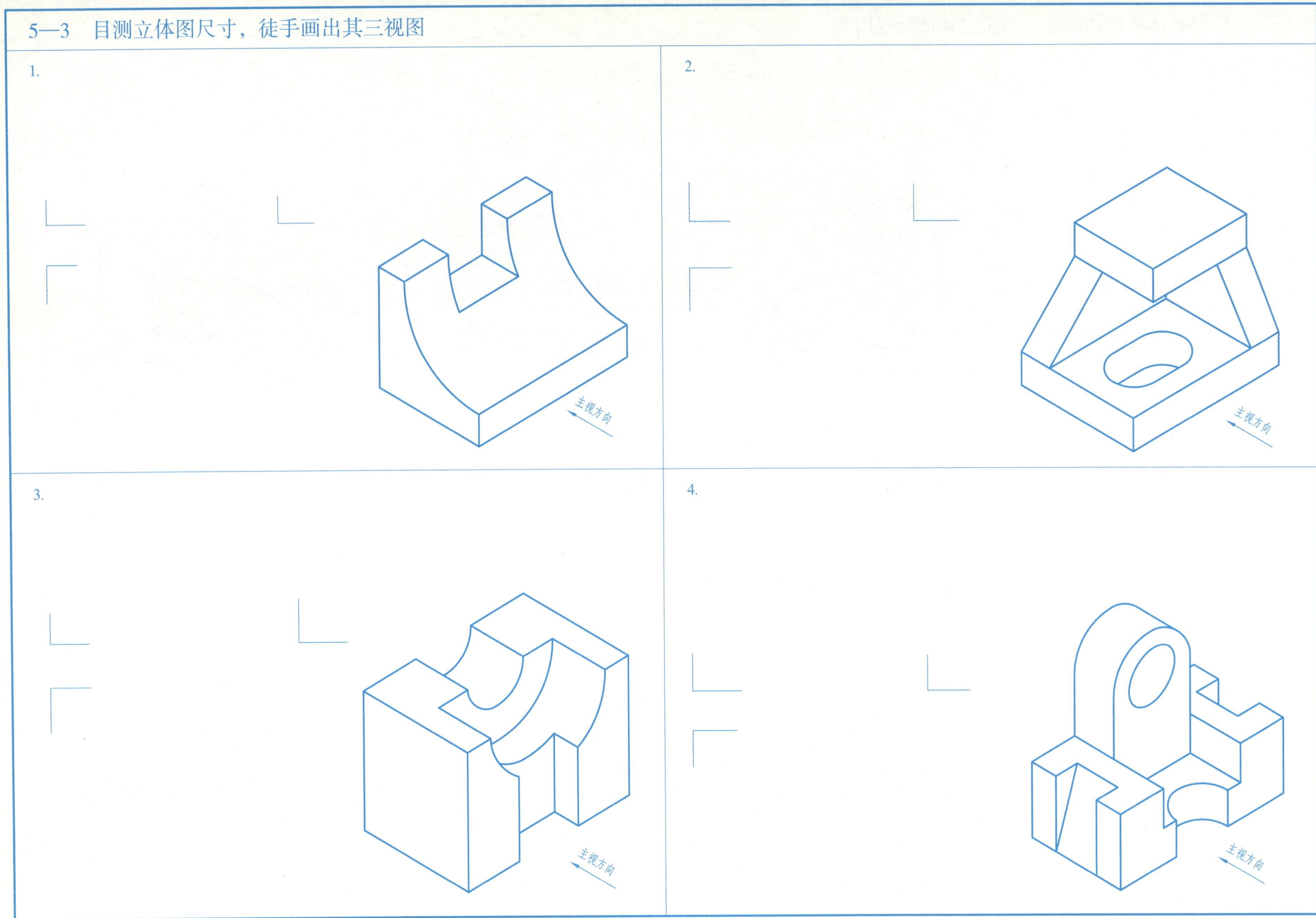

5—4 补画视图中所缺的图线

1.

1）

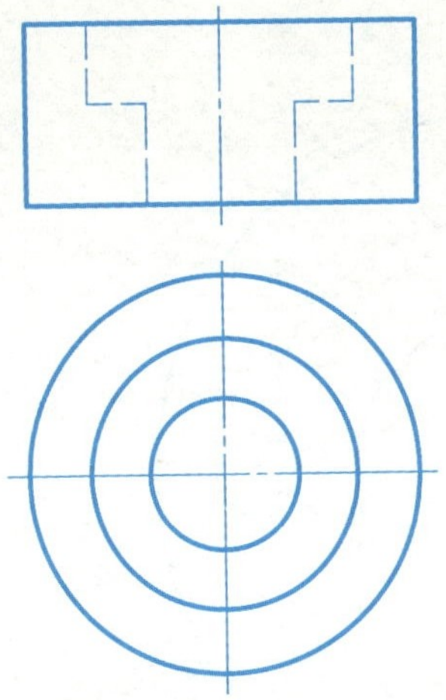

2）

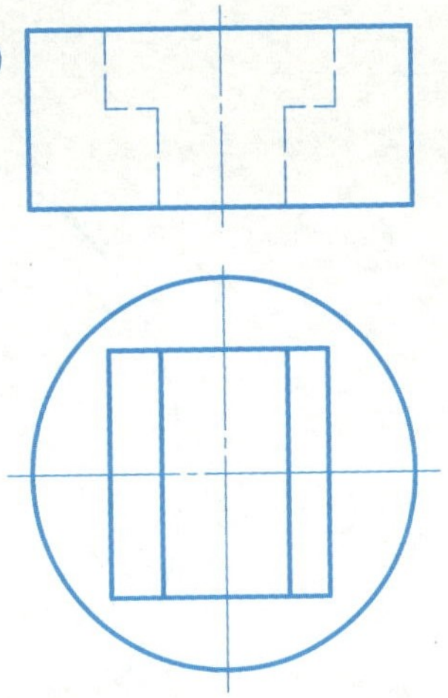

3）

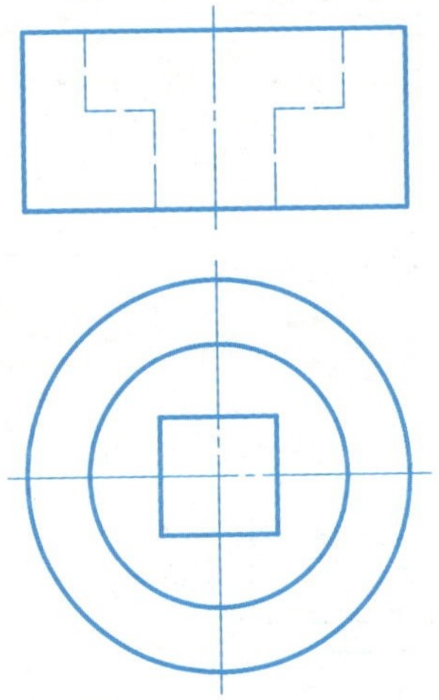

4）

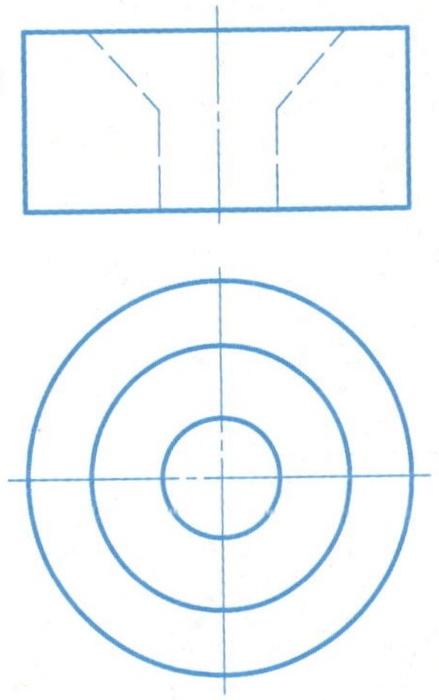

5）

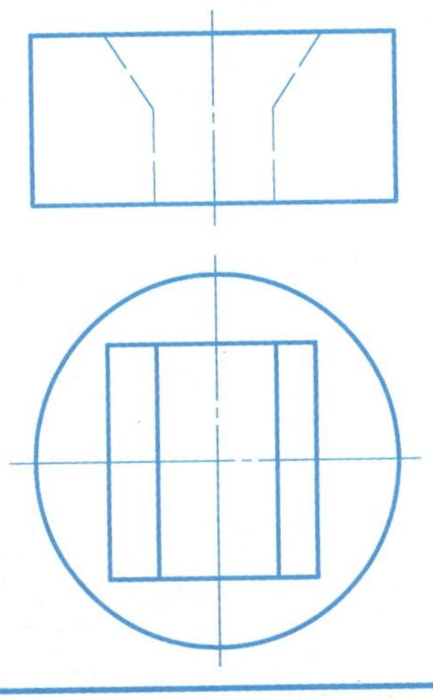

6）

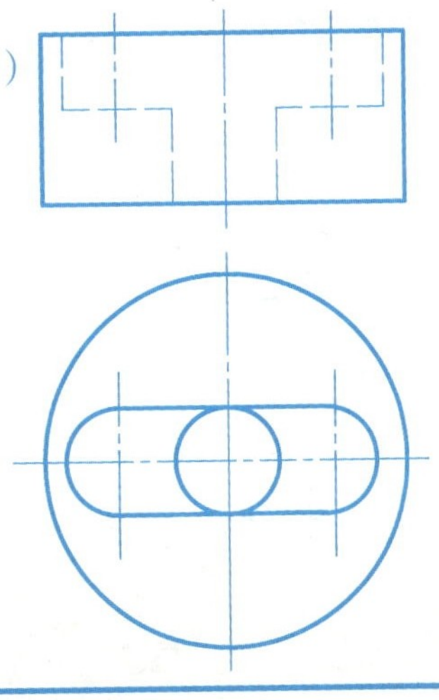

2.

1）

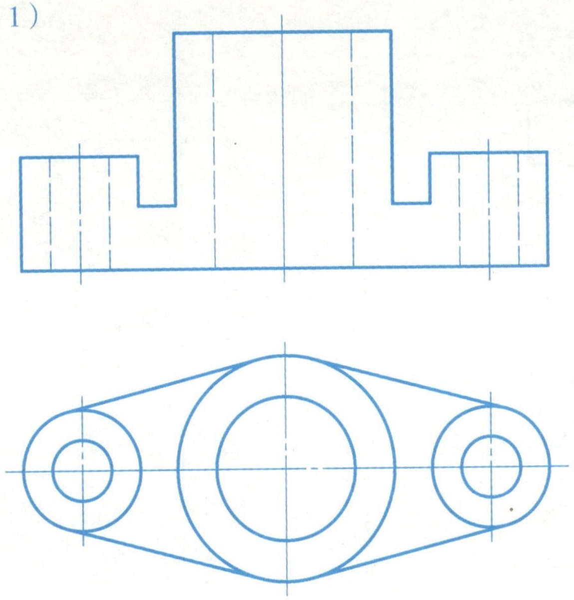

2）

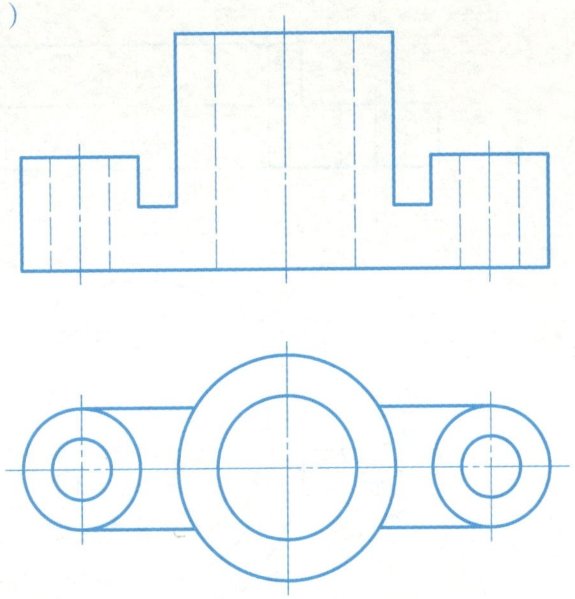

3）

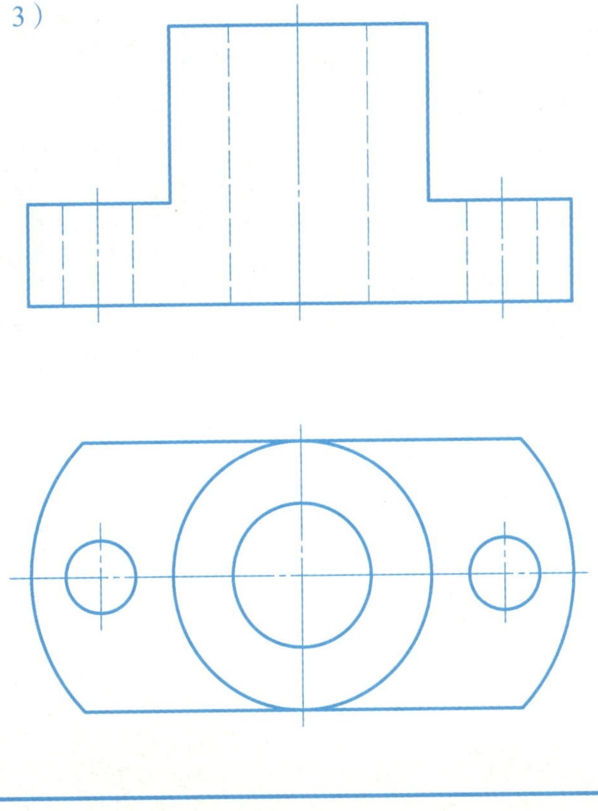

4）

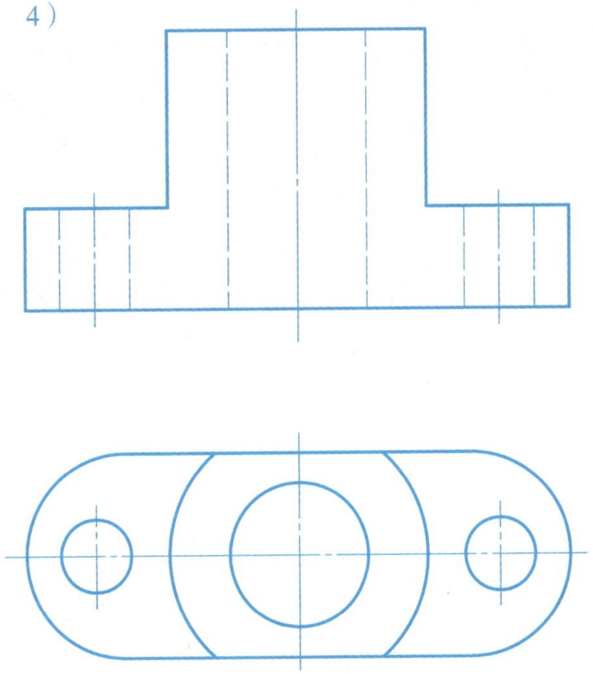

5—5　标注出下列组合体的尺寸

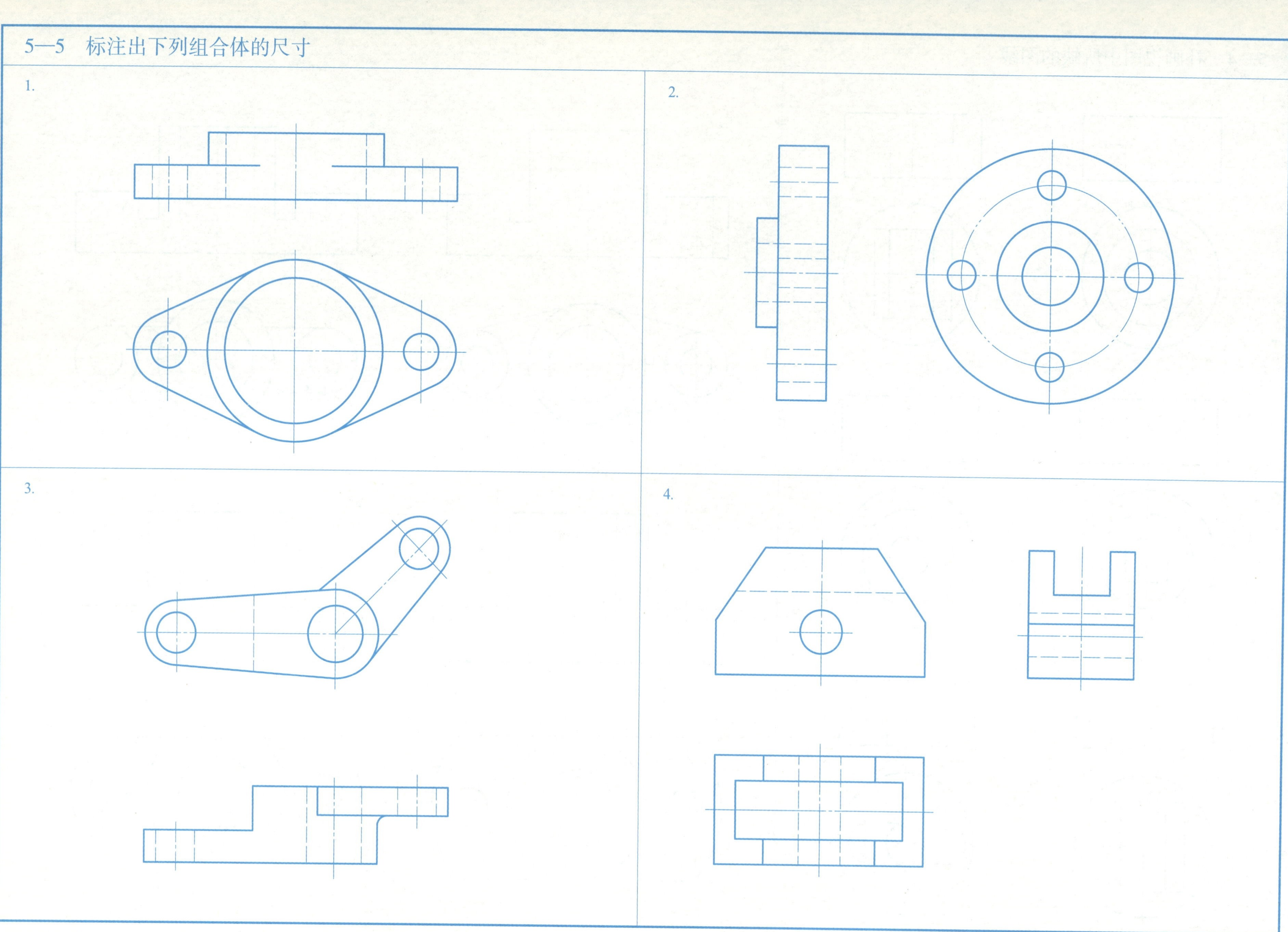

5—6　补全三视图中所缺漏的尺寸

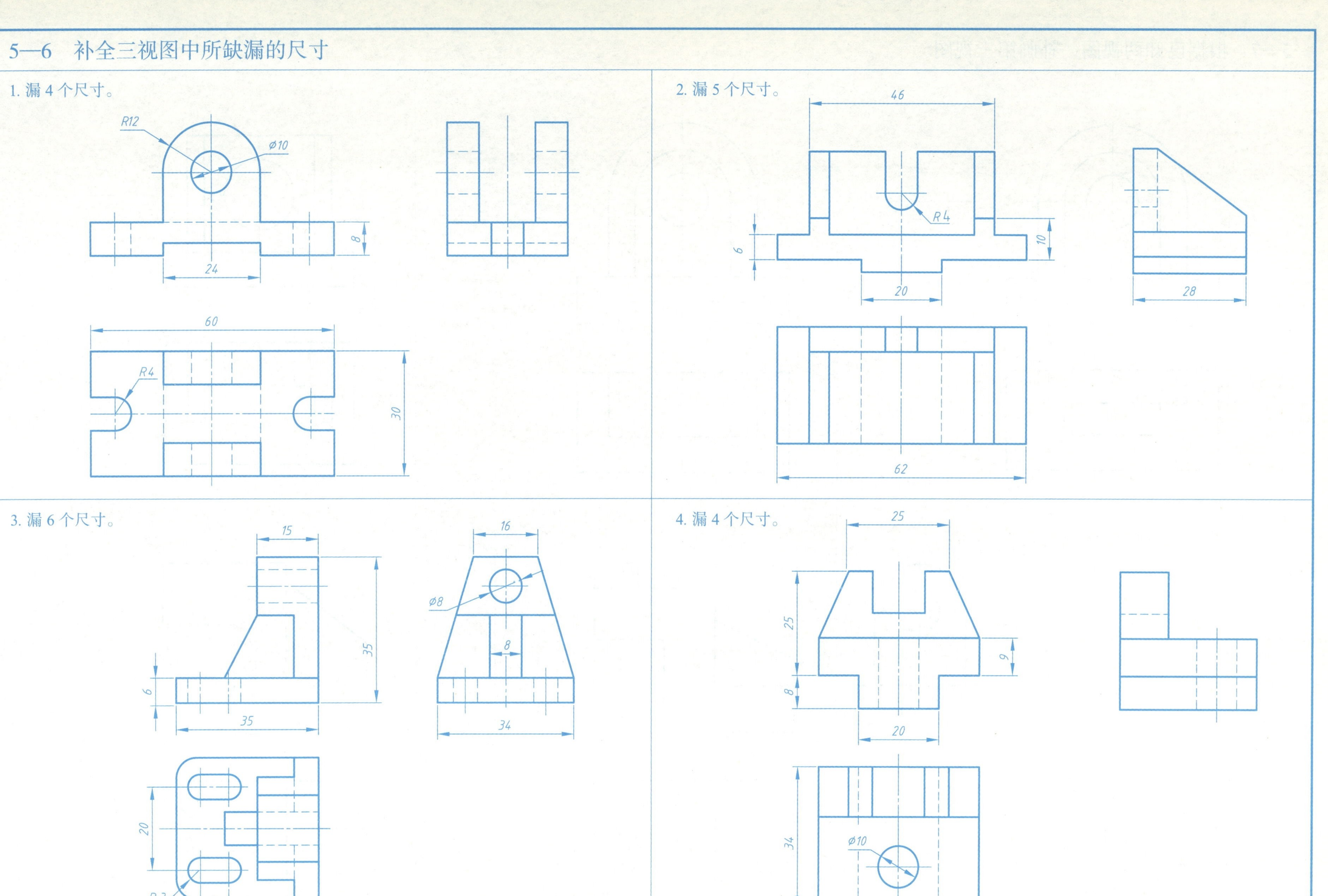

5—7 根据已知两视图，补画第三视图

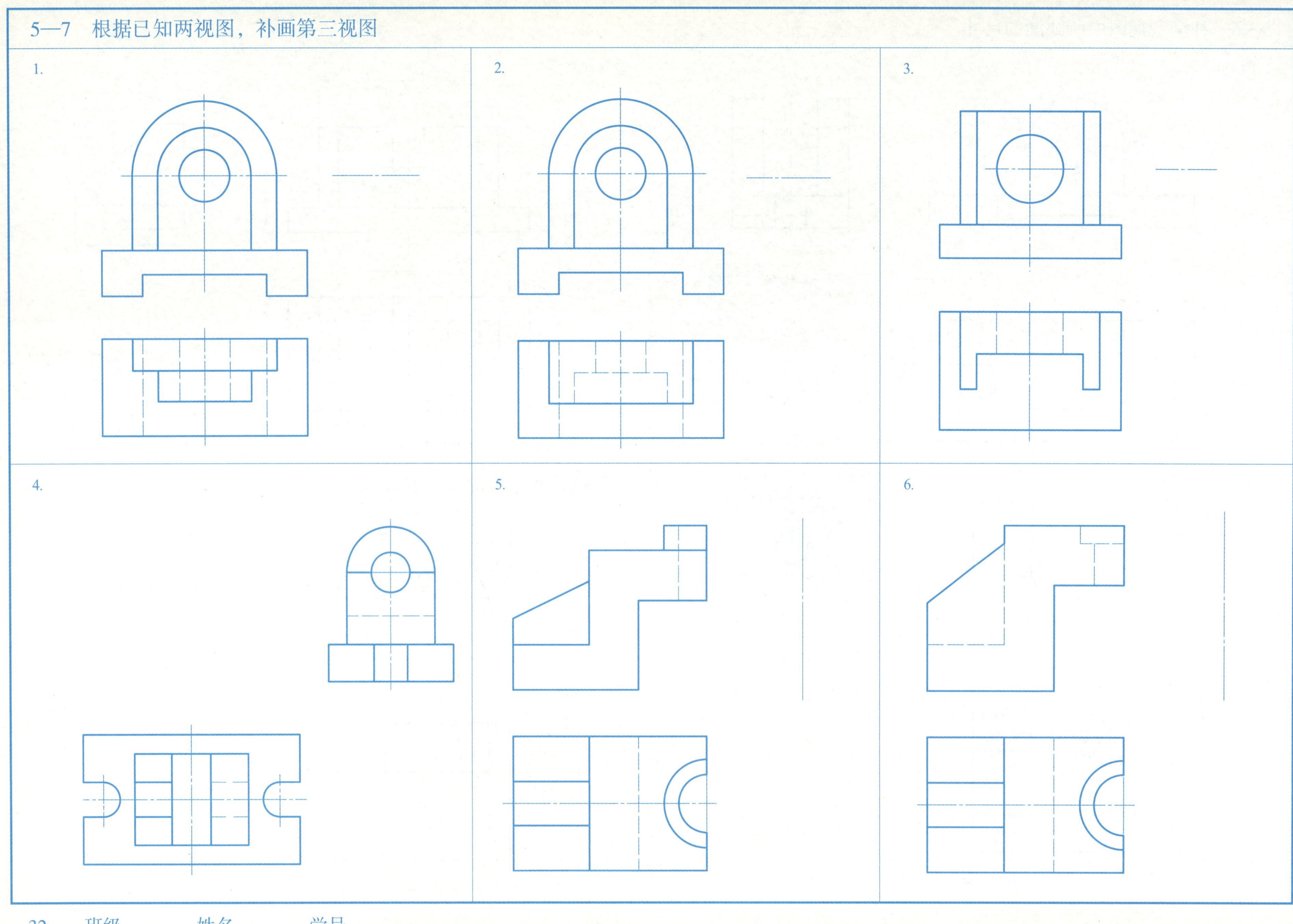

5—8 补画视图中的漏线

1.

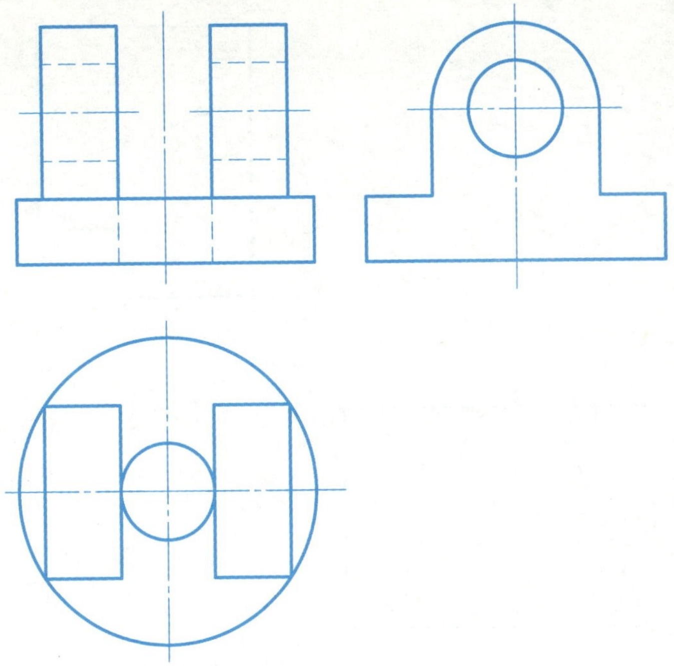

2.

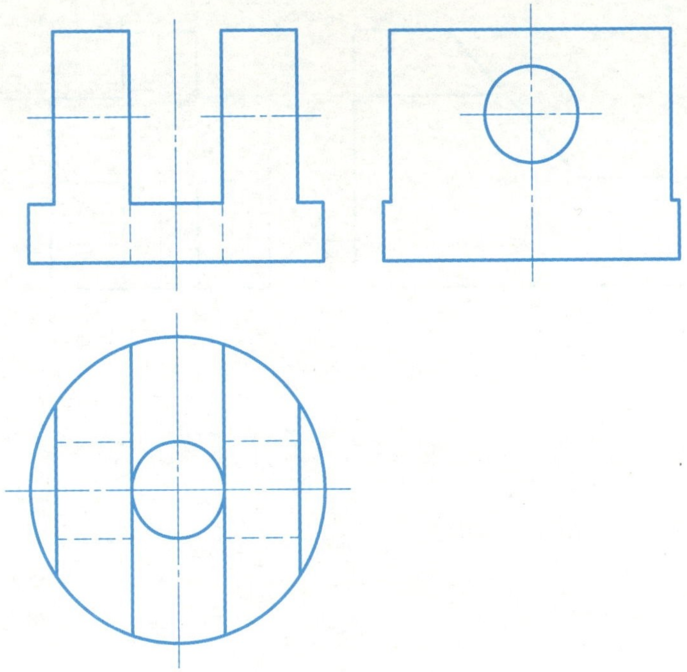

3.

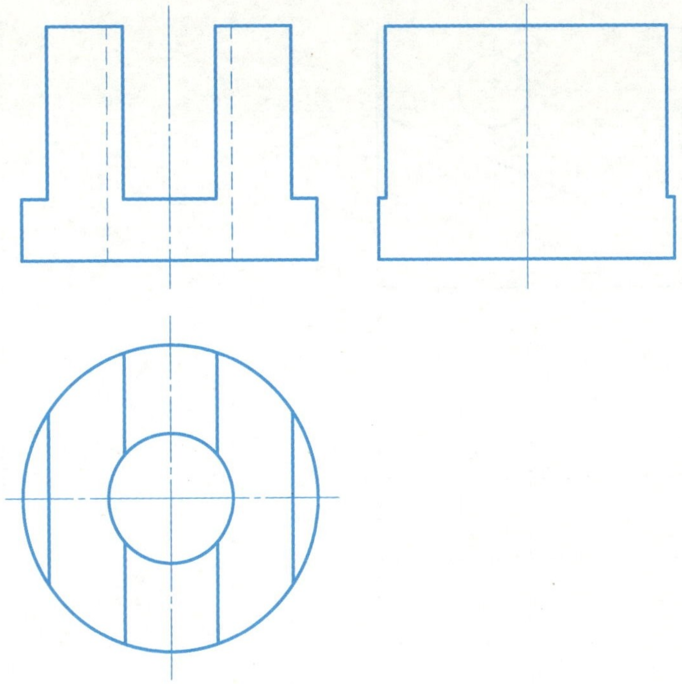

4.

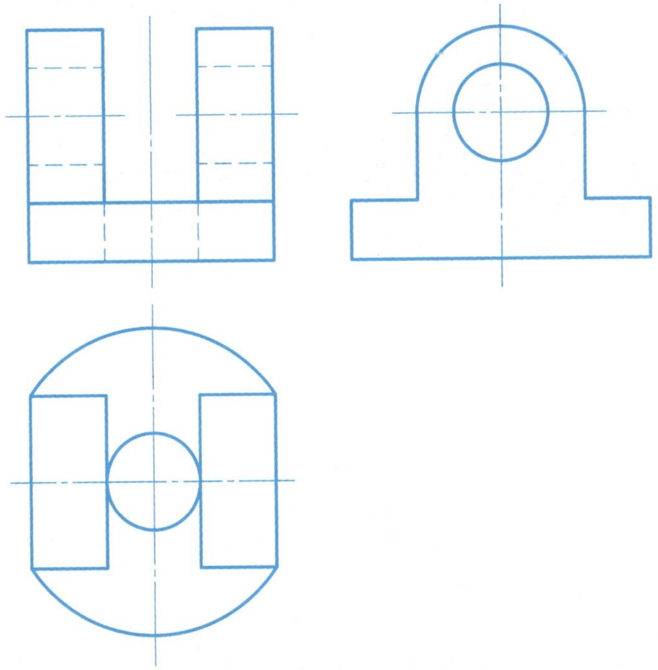

5.

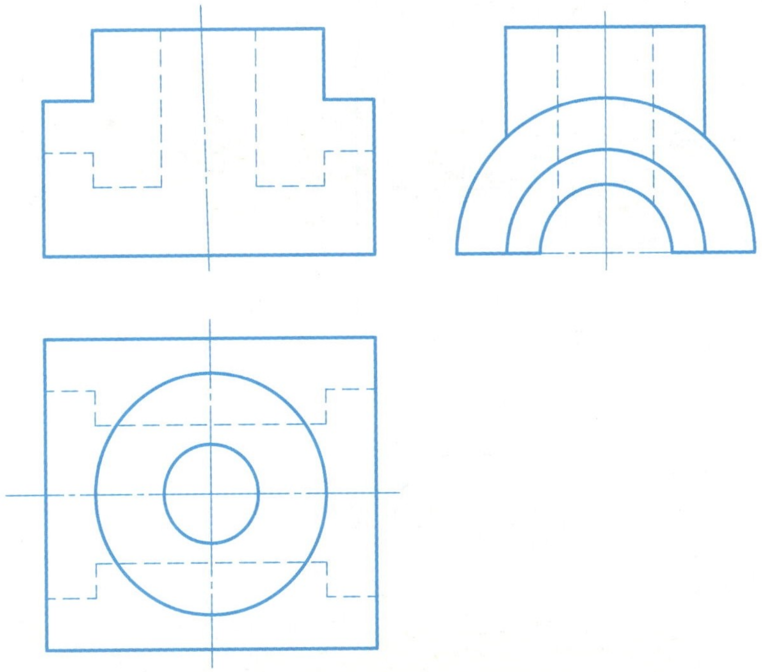

6.

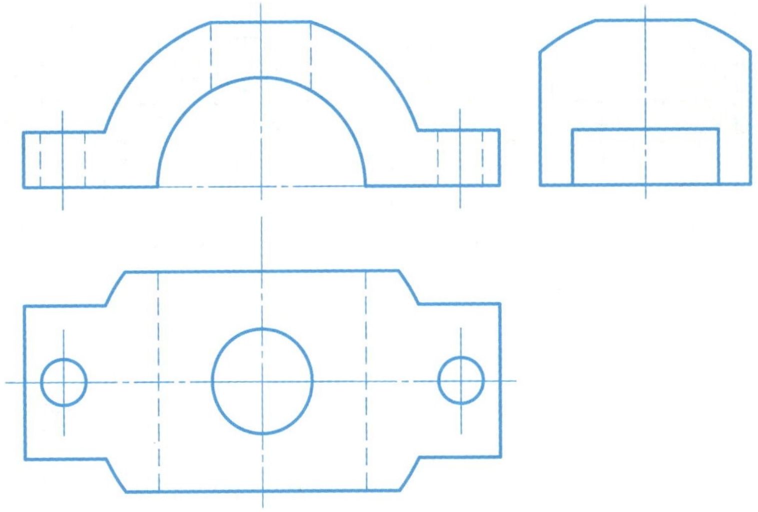

5—9　根据已知两视图，补画第三视图

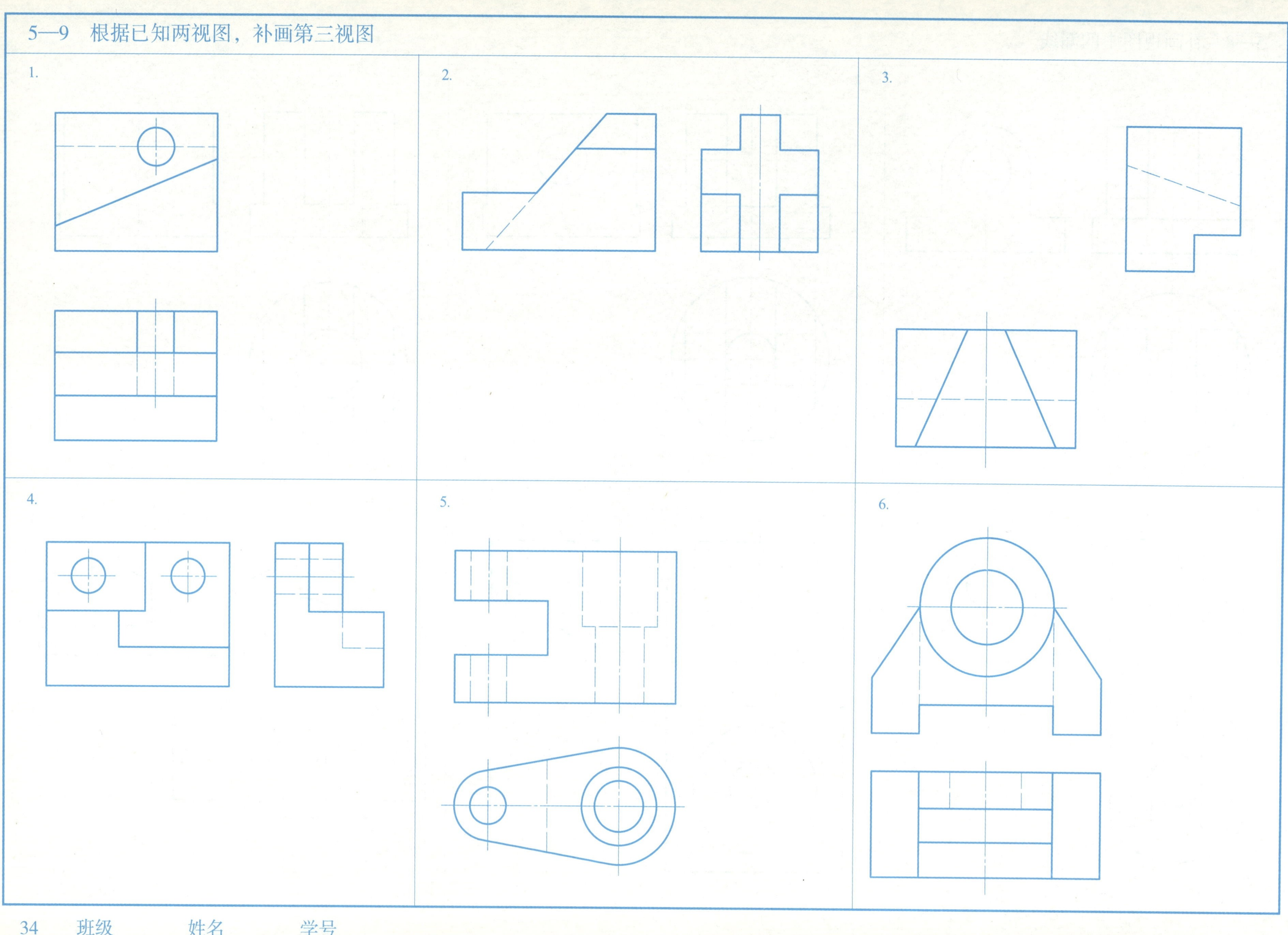

5—10 补画视图中的漏线

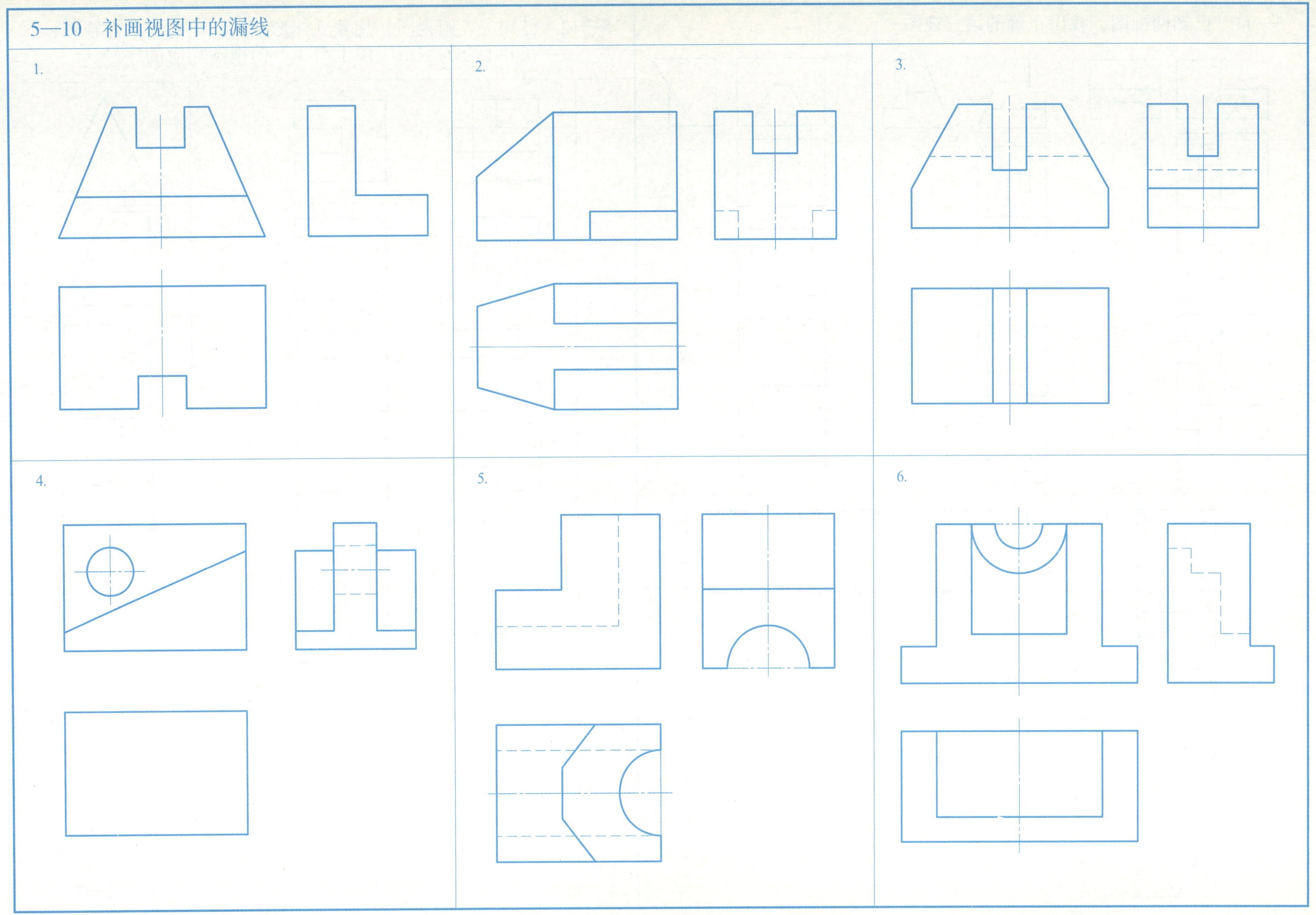

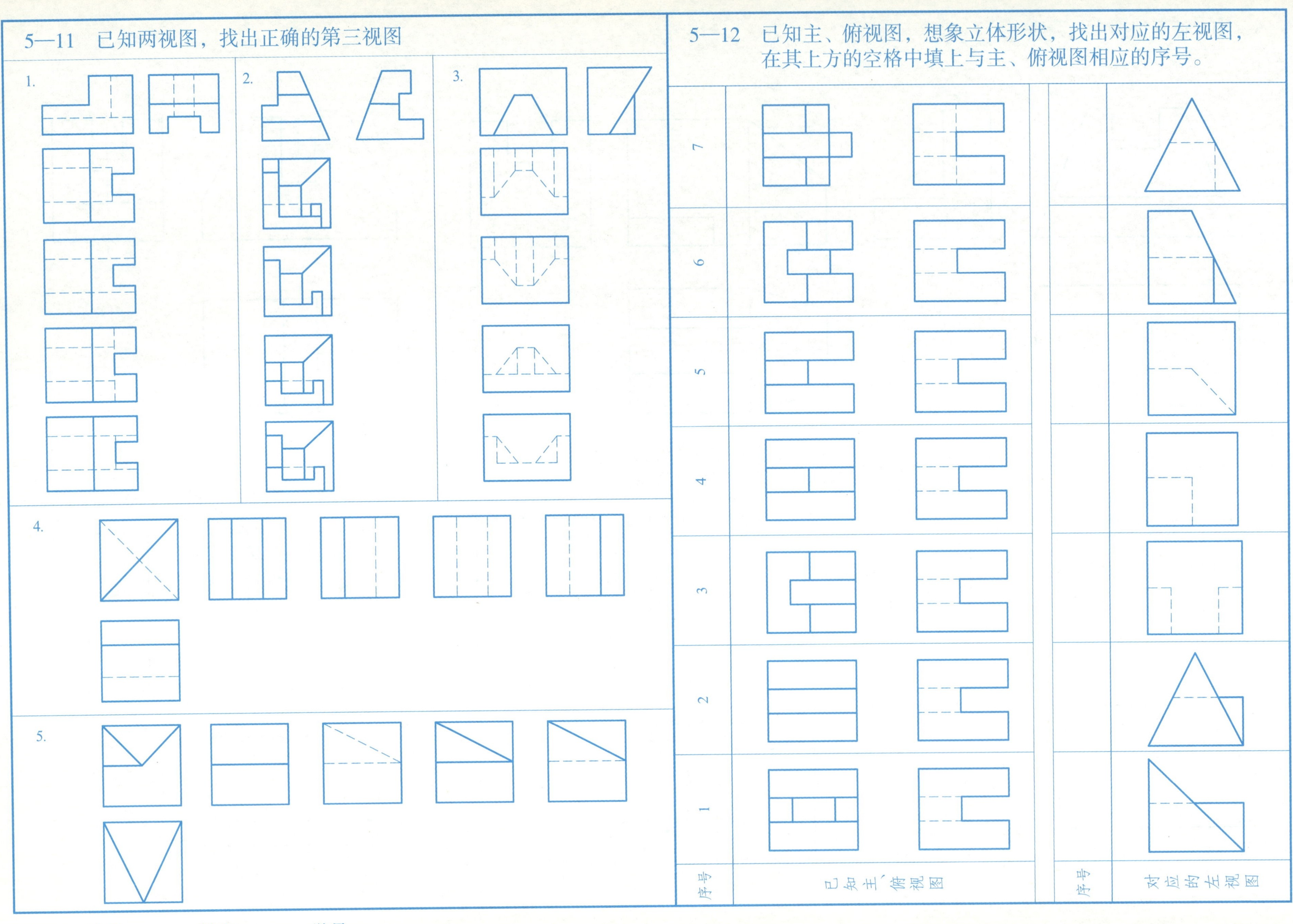

5—11 已知两视图，找出正确的第三视图
1.
2.
3.
4.
5.
5—12 已知主、俯视图，想象立体形状，找出对应的左视图，在其上方的空格中填上与主、俯视图相应的序号。
7
6
5
4
3
2
1
序号
已知主、俯视图
序号
对应的左视图

5—13 根据已知两视图，补画第三视图

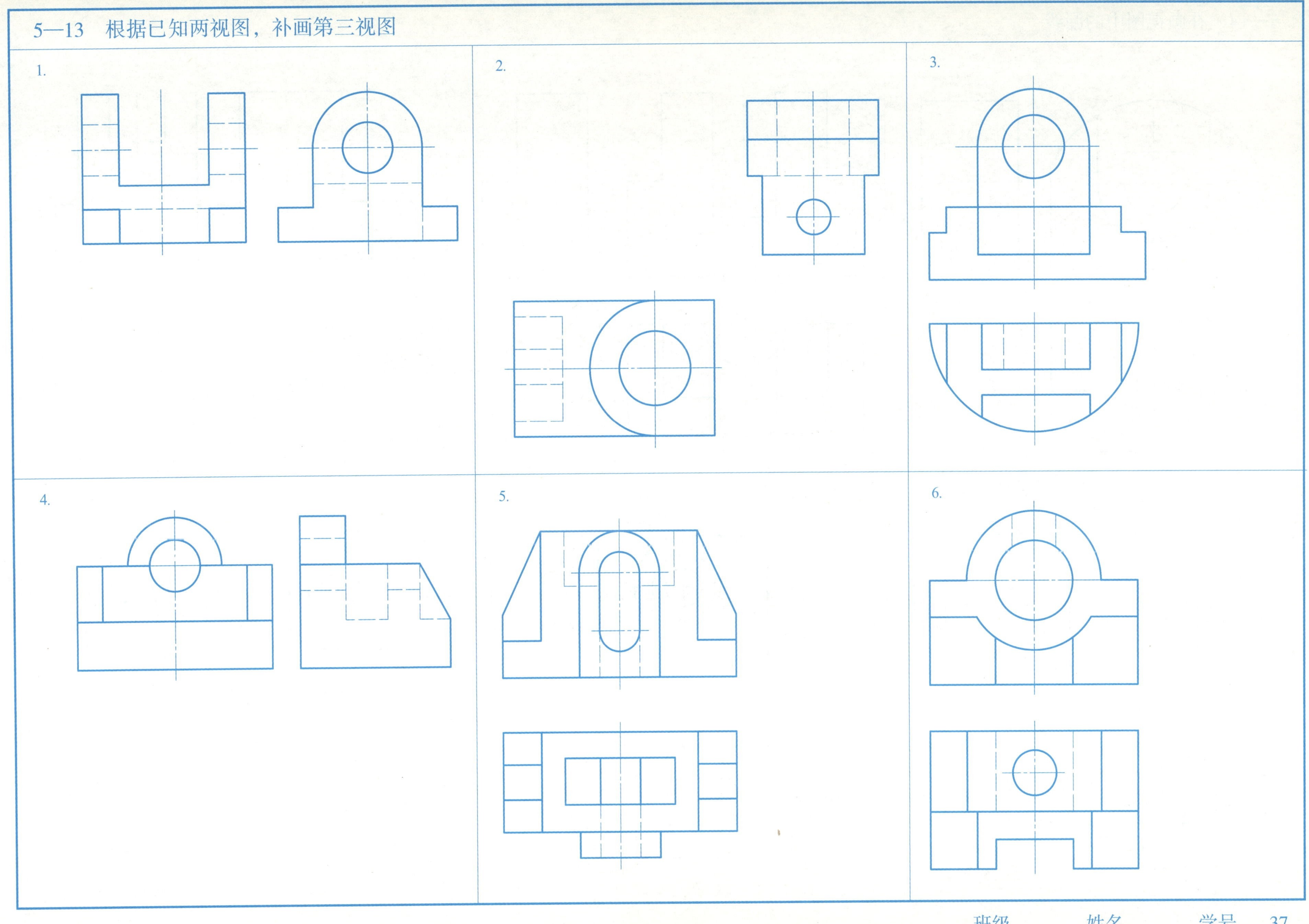

5—14 补画视图中的漏线

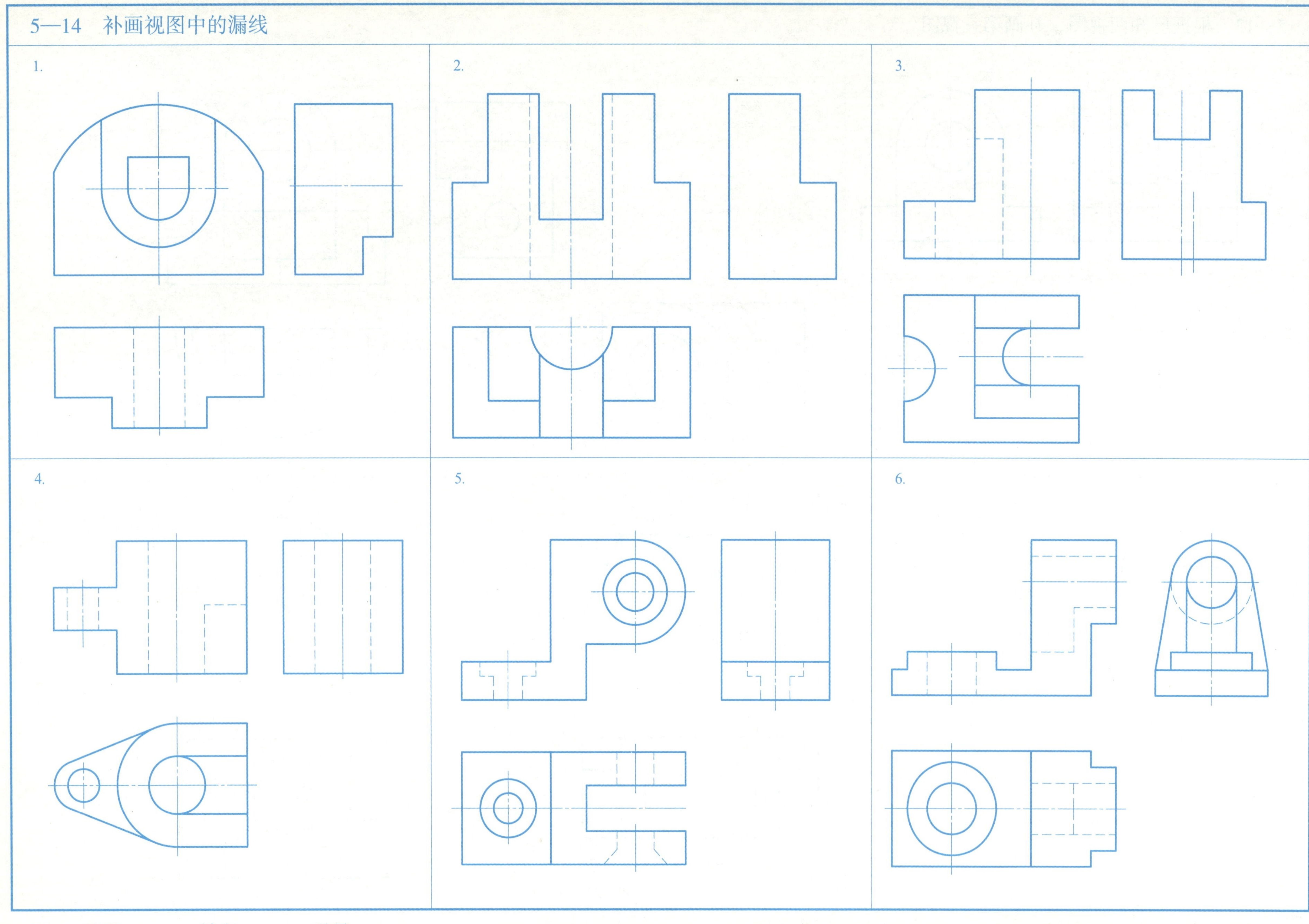

5—15　根据已知两视图，补画第三视图

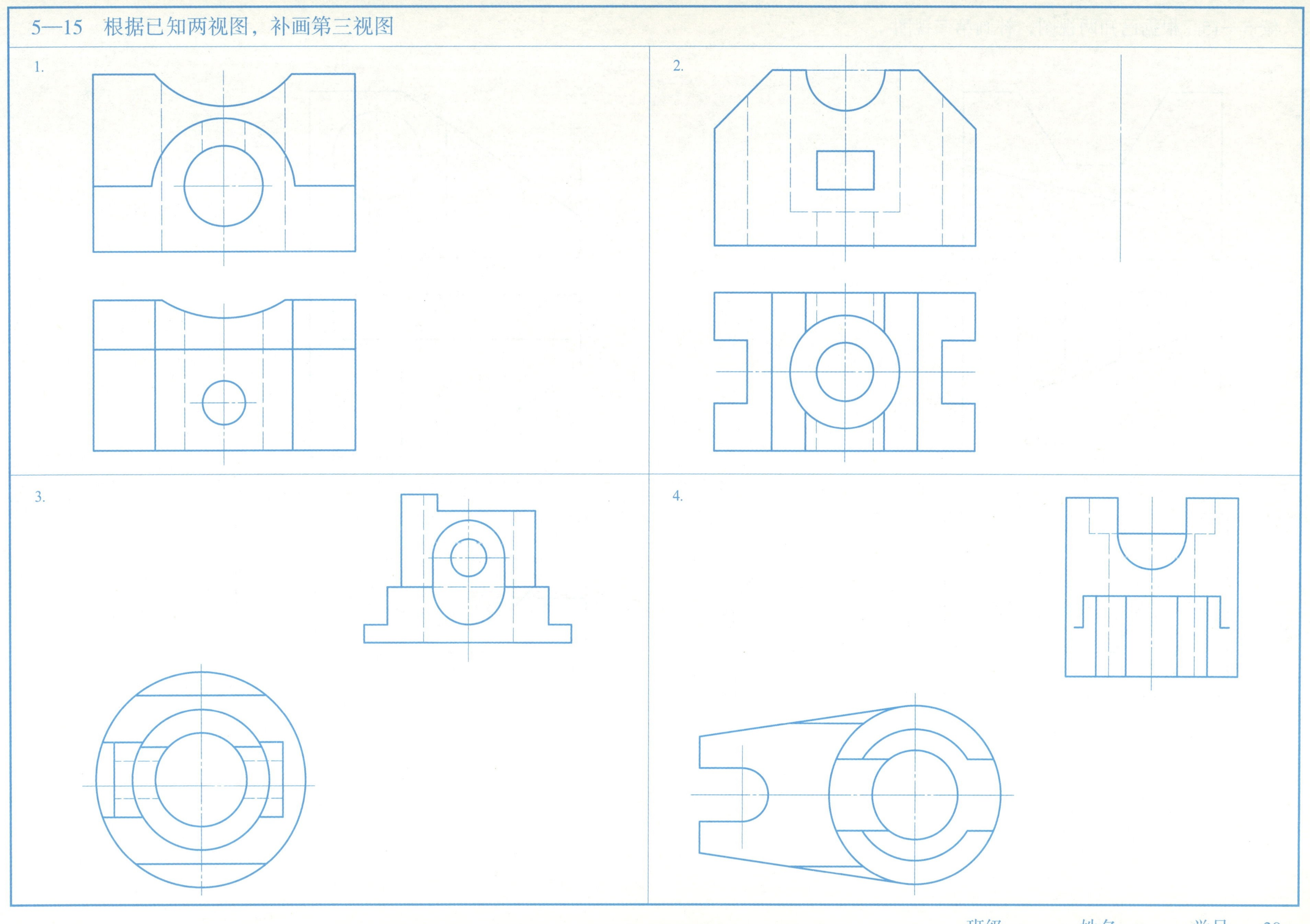

续 5—15　根据已知两视图，补画第三视图

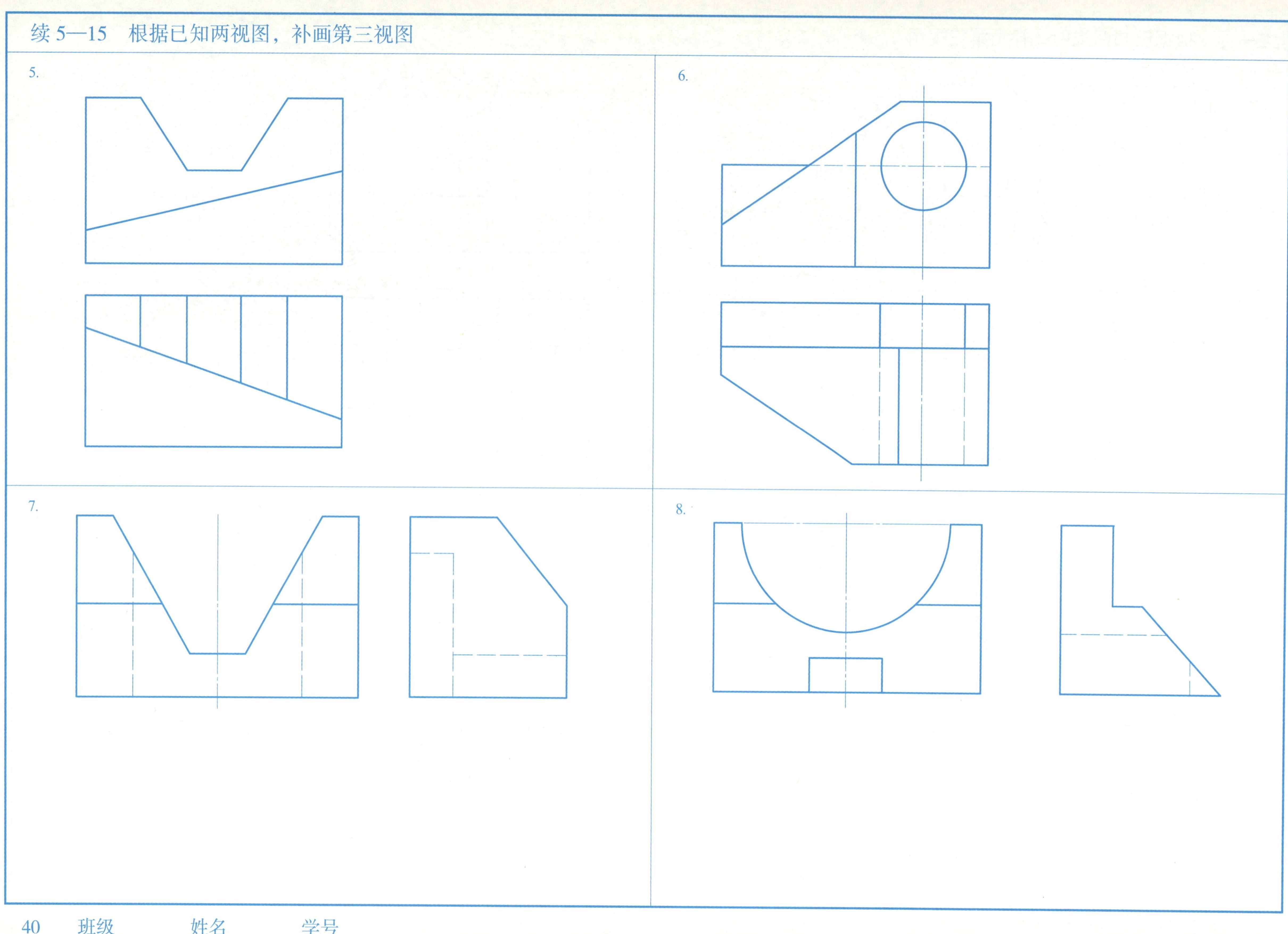

5—16 根据视图构思物体形状

1. 比较俯视图，求作左视图。

2. 根据相同的俯、左视图、构思不同的组合体，画出它们的主视图。

3. 根据主视图设计不同形状的组合体，画出它们的俯、左视图［宽度方向尺寸自定］。

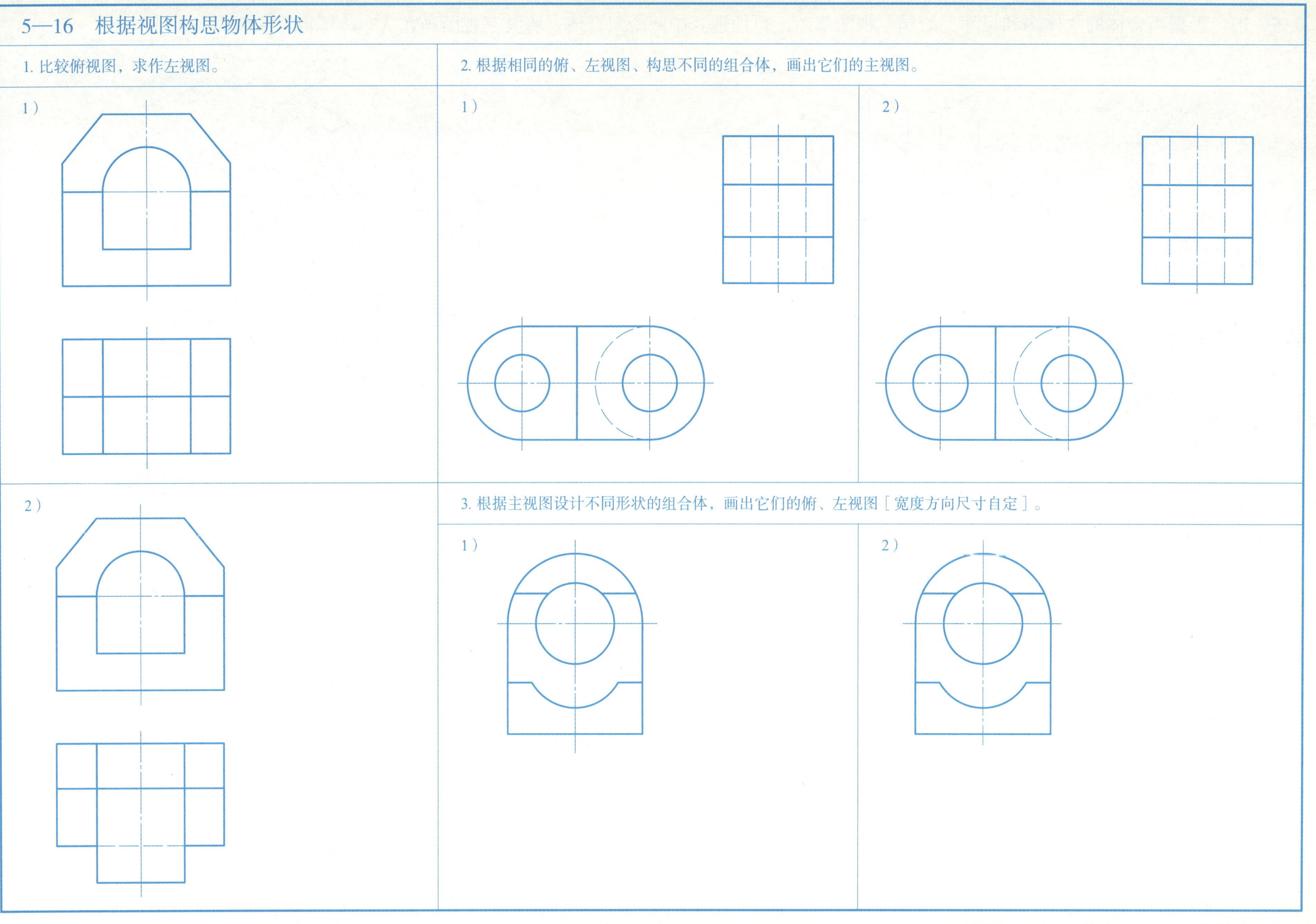

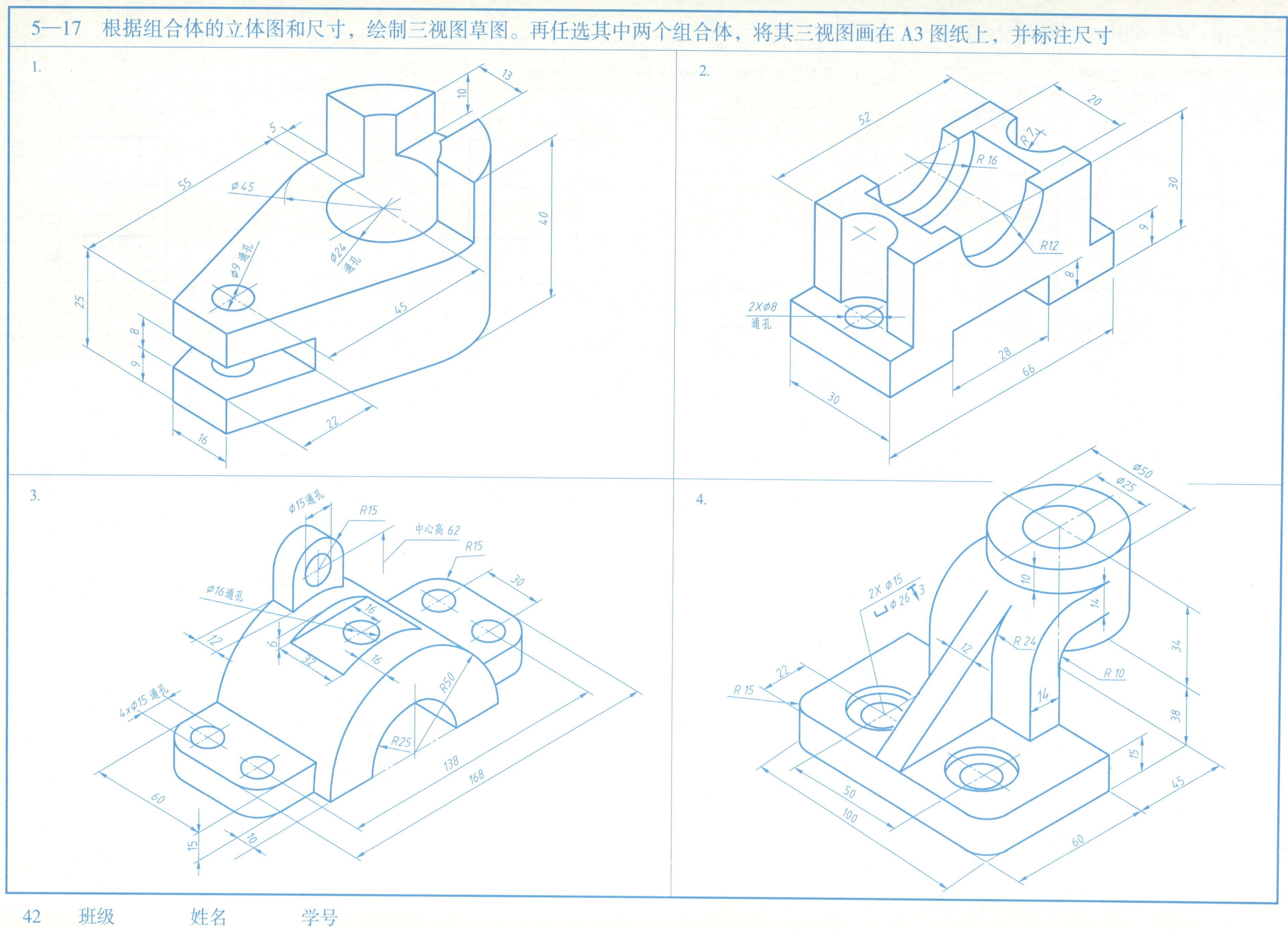
5—17 根据组合体的立体图和尺寸，绘制三视图草图。再任选其中两个组合体，将其三视图画在 A3 图纸上，并标注尺寸
1.
13
10
5
55
Ø45
40
Ø9 通孔
Ø24 通孔
25
45
8
9
22
16
2.
52
20
R7
R16
30
9
R12
8
2XØ8 通孔
28
66
30
3.
Ø15通孔
R15
中心高 62
R15
30
Ø16通孔
16
12
6
32
16
R50
4xØ15 通孔
R25
138
168
60
15
10
4.
Ø50
Ø25
10
2X Ø15
⌴Ø26↧3
14
R24
12
34
22
R15
R10
14
38
15
50
100
45
60

第6章　轴测图

6—1　正等轴测图练习

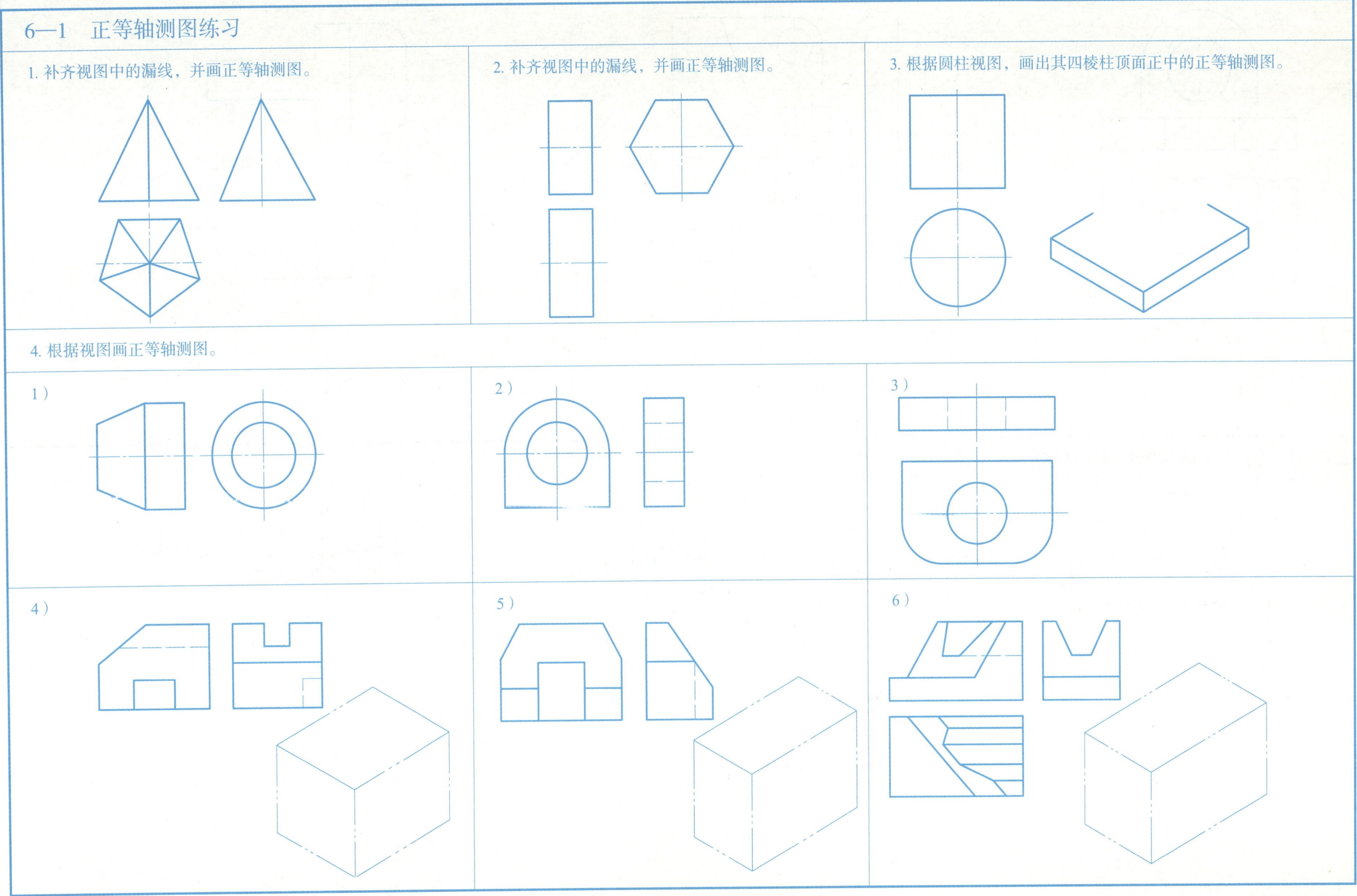

1. 补齐视图中的漏线，并画正等轴测图。

2. 补齐视图中的漏线，并画正等轴测图。

3. 根据圆柱视图，画出其四棱柱顶面正中的正等轴测图。

4. 根据视图画正等轴测图。

1）

2）

3）

4）

5）

6）

续 6—1　正等轴测图练习

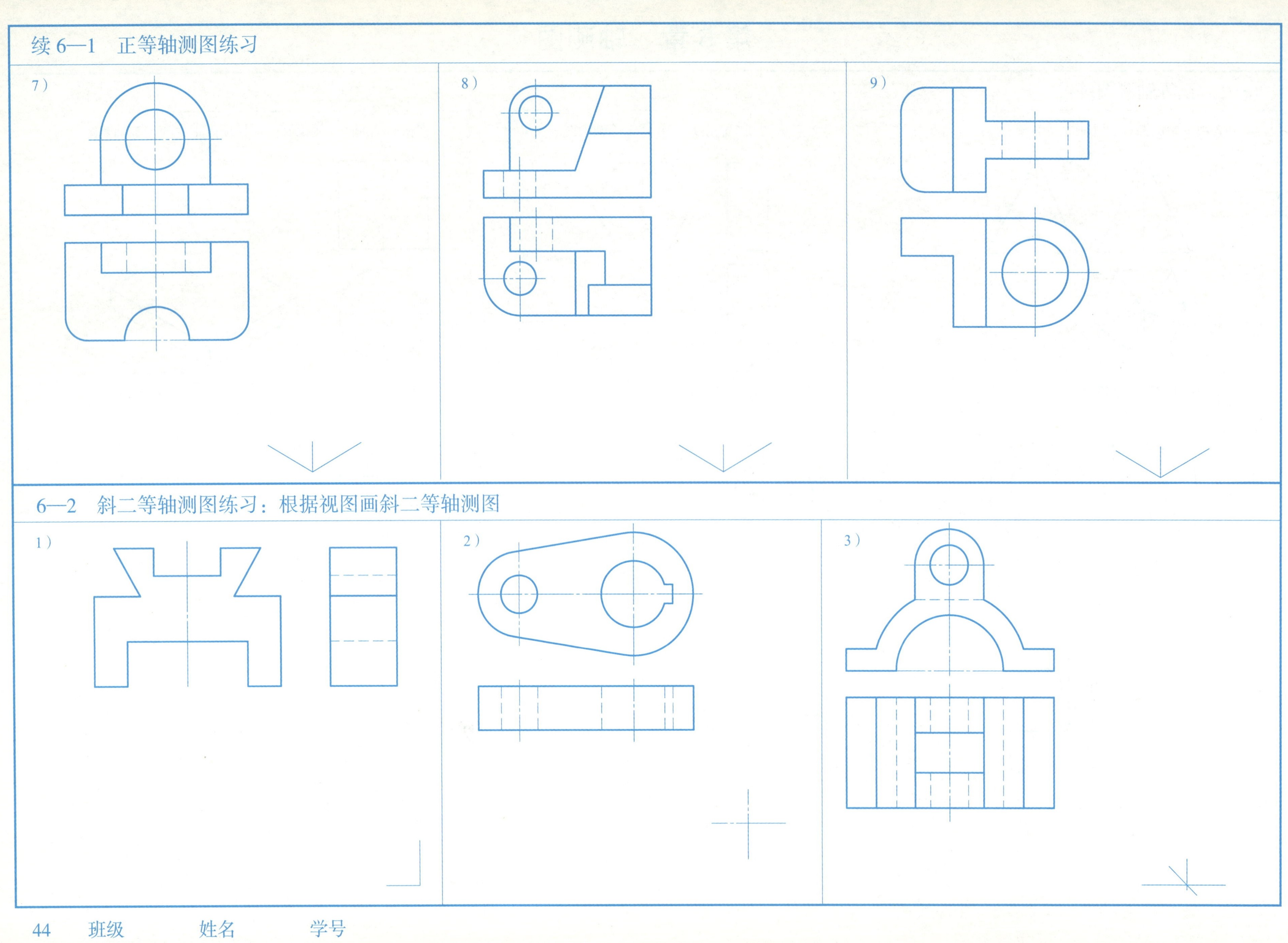

6—2　斜二等轴测图练习：根据视图画斜二等轴测图

第 7 章　机件的各种表达方法

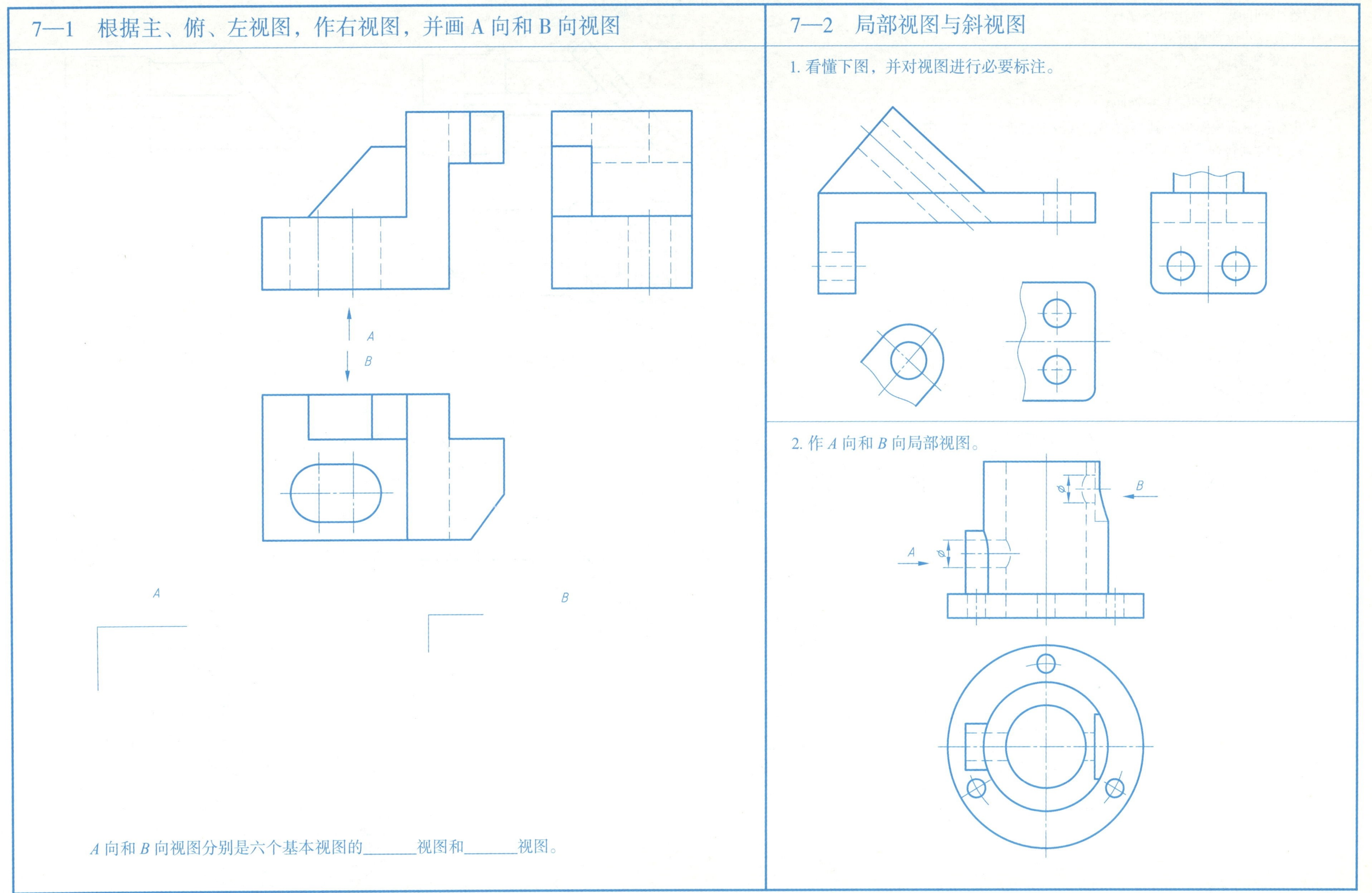

3. 回答下列问题，标出下图错误：

1 处槽口的位置画得对吗？

2、3 处视图标注对吗？

4 处波浪线范围画得对吗？

5 处 *B* 向局部视图需要标注吗？

6 处 *C* 向局部视图方向画得对吗？其波浪线能否省略不画？

7 处 *A* 向旋转视图画法对吗？

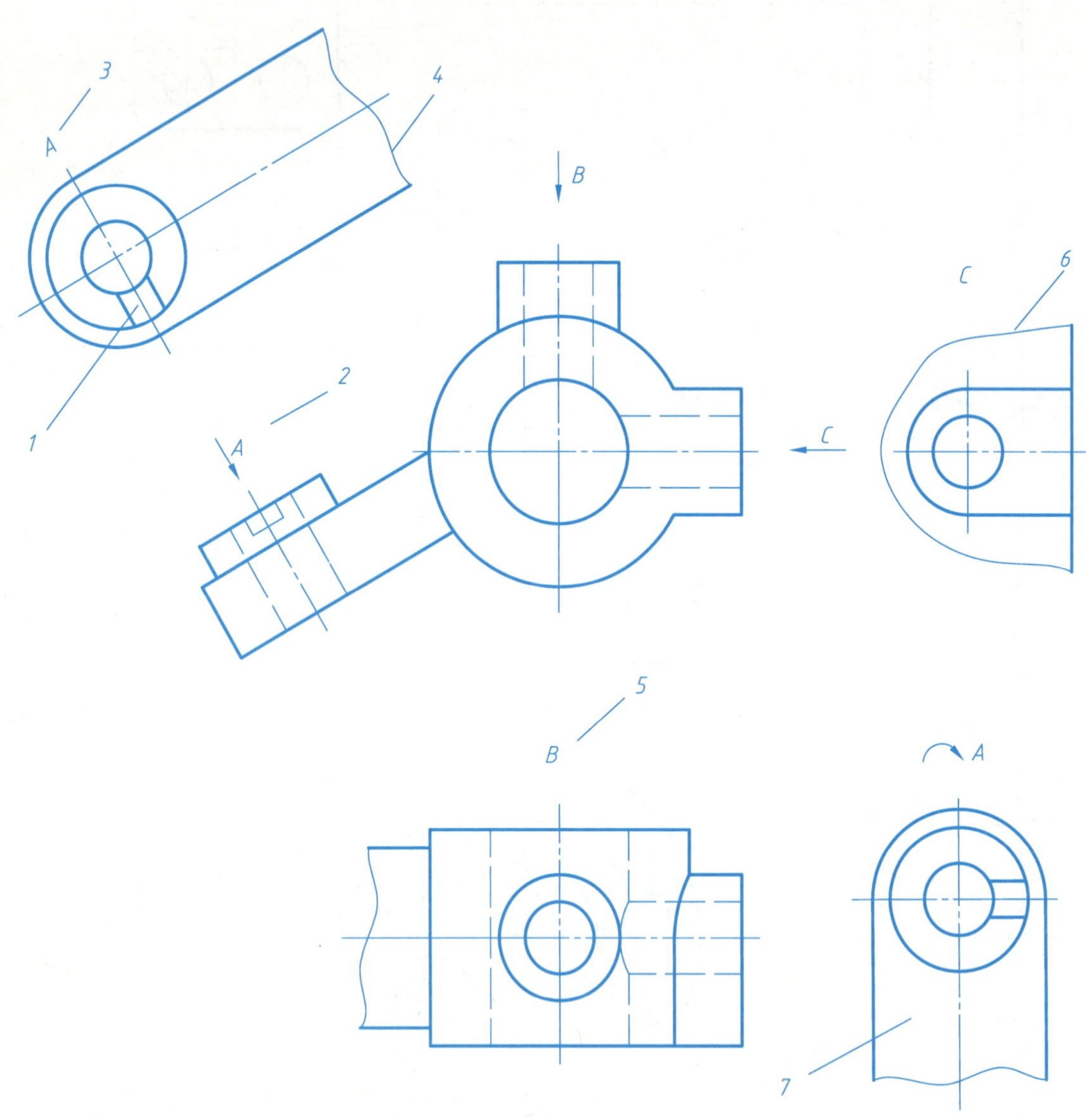

4. 在右侧重新表达机件。

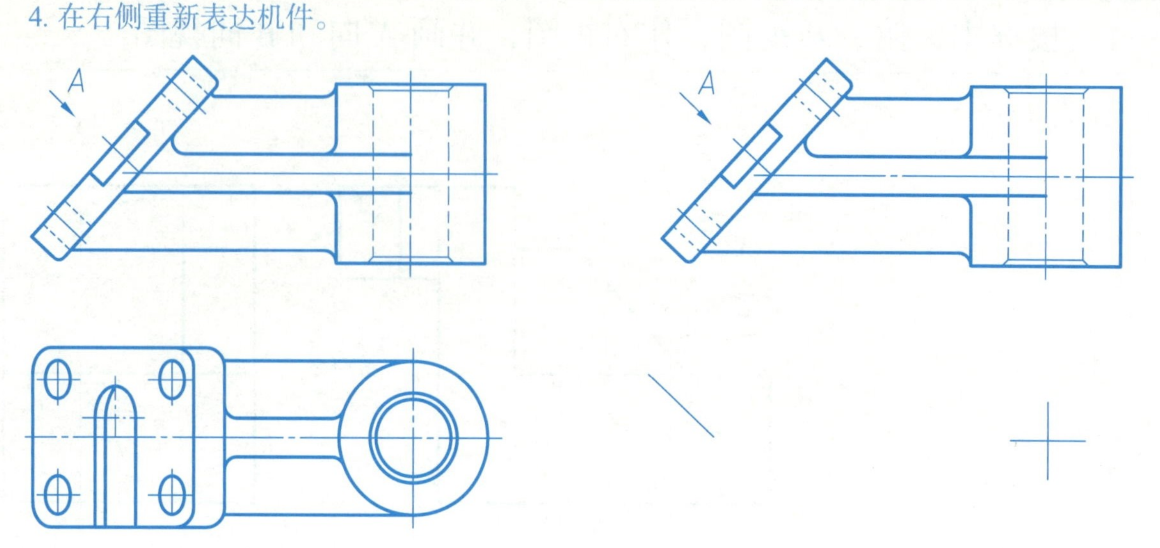

5. 用适当的视图把机件表达清楚。

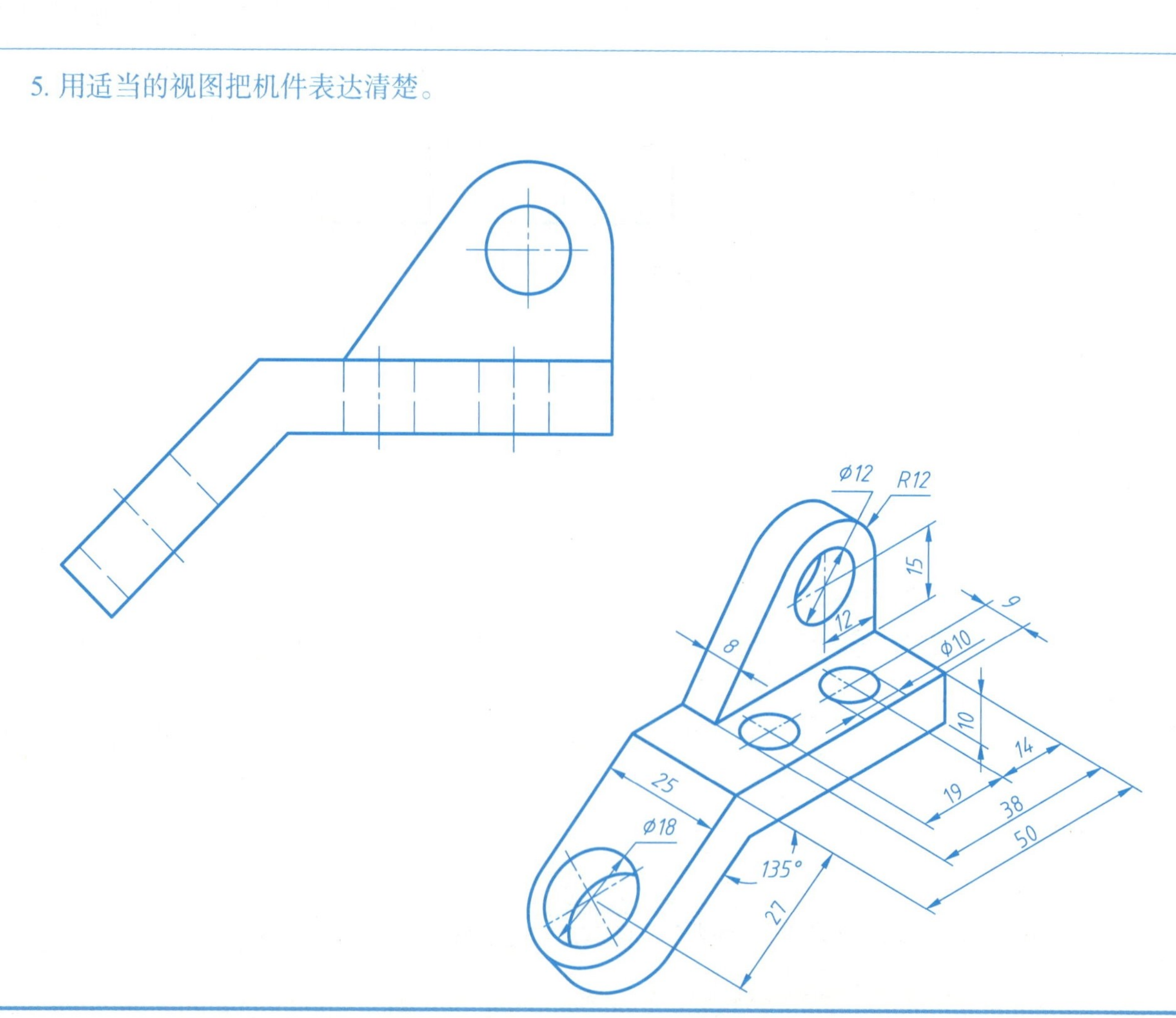

7—3 剖视的概念

续 7—3　剖视的概念

5. 将主视图改画成剖视图。

6. 求作全剖的左视图。

7—4　半剖视图

1. 画出半剖的主视图。

2. 将主、俯视图改画成半剖视图。

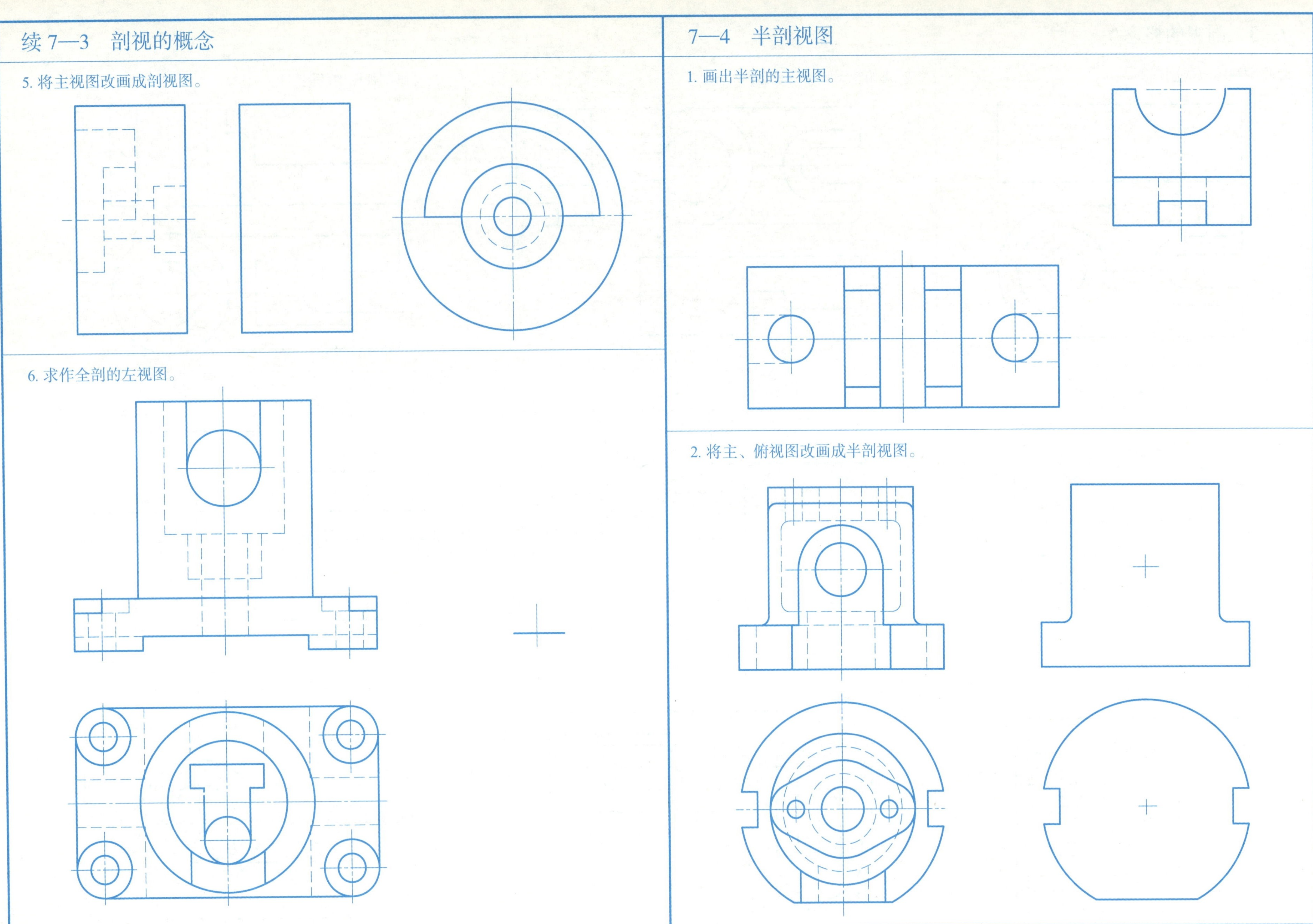

续 7—4　半剖视图

3. 将主视图改画成半剖视图。

4. 画出半剖的主视图。

5. 读半剖视图，求作全剖俯视图。

6. 读剖视图，求作半剖左视图。

7—5　局部剖视图

1. 分析图中波浪线画法的错误，在右侧画出正确的局部剖视图。

1）

2）

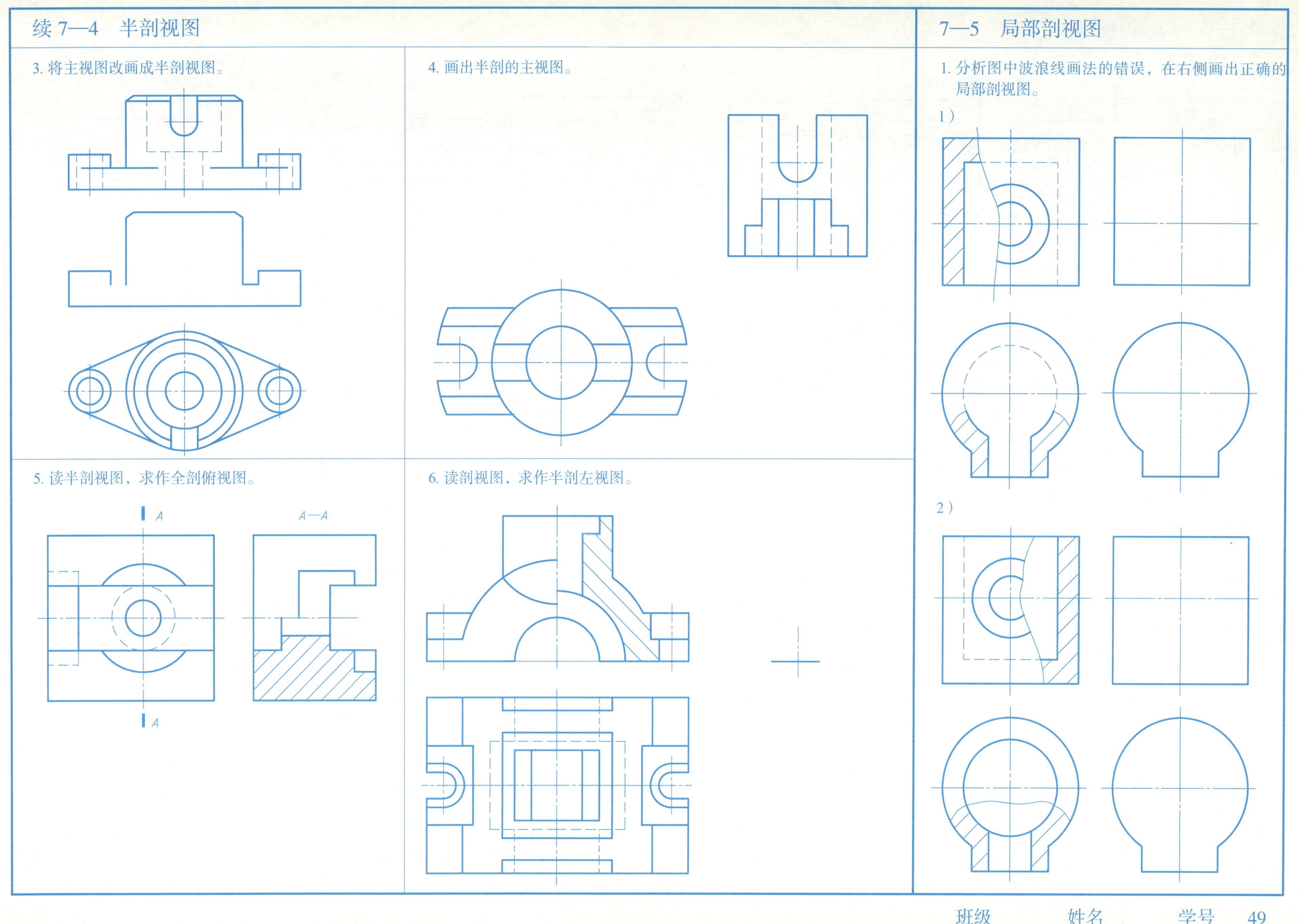

续 7—5　局部剖视图

2. 将视图改画成局部剖视图。

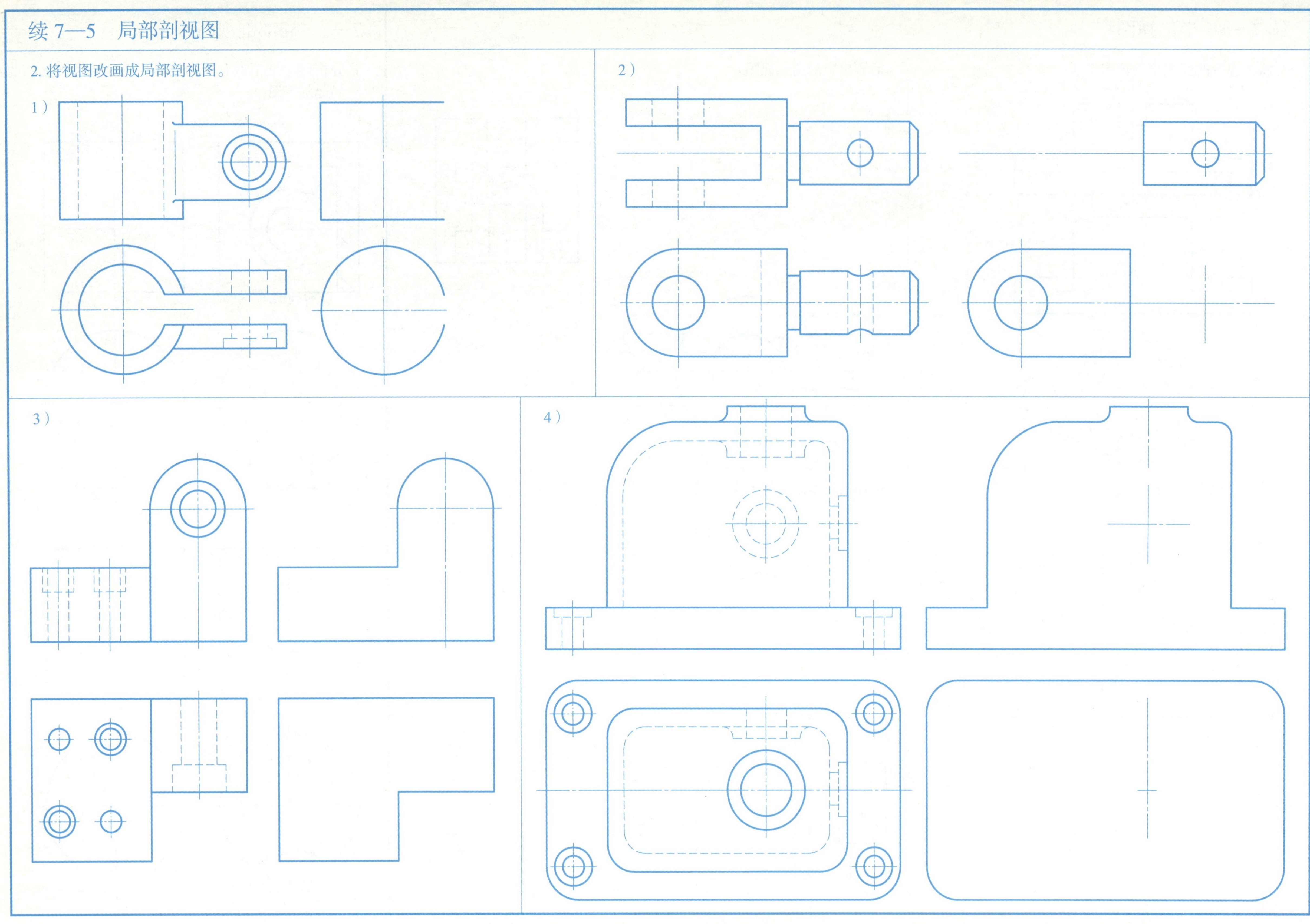

7—6 用适当的剖切平面画全剖视图

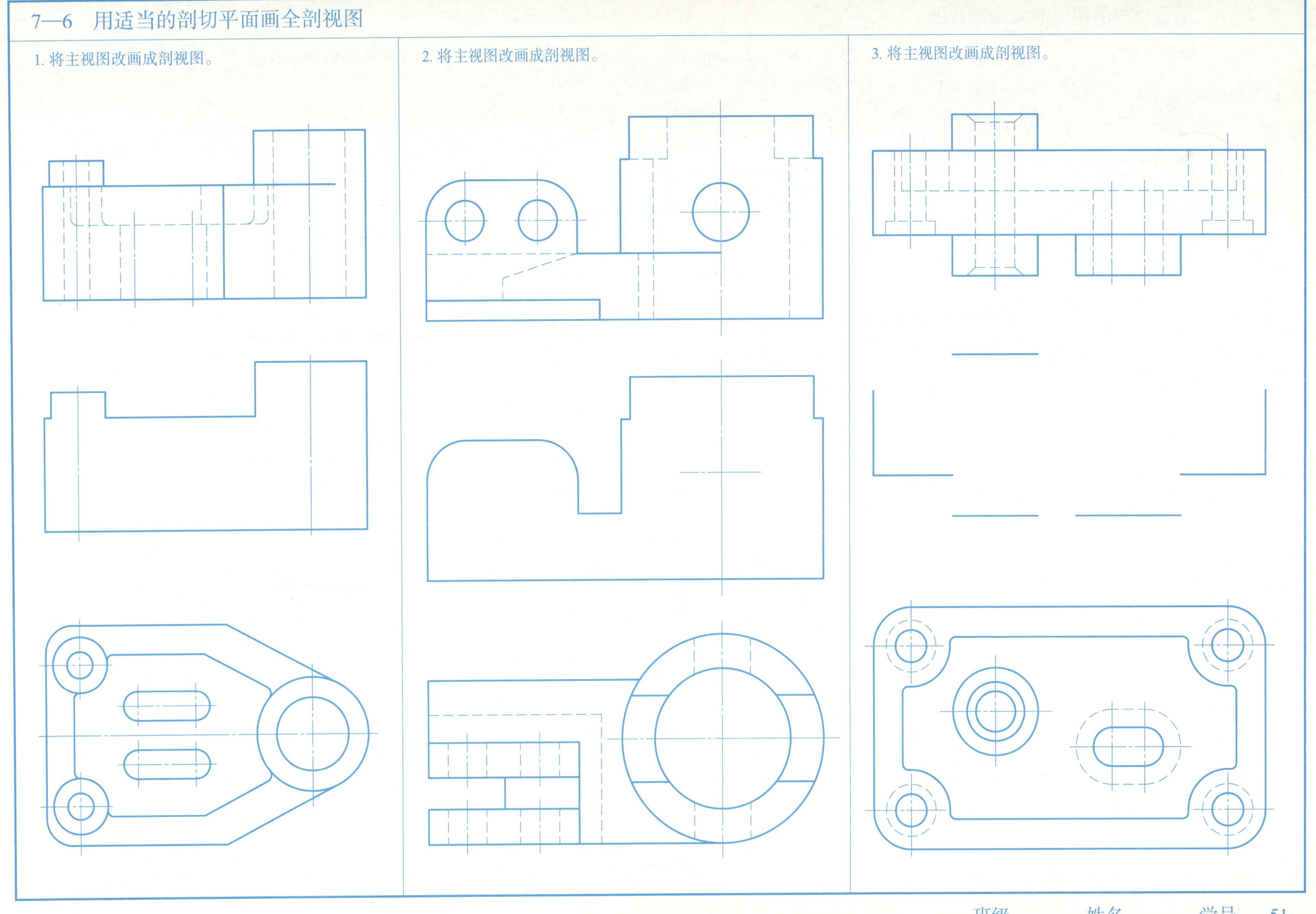

续 7—6 用适当的剖切平面画全剖视图

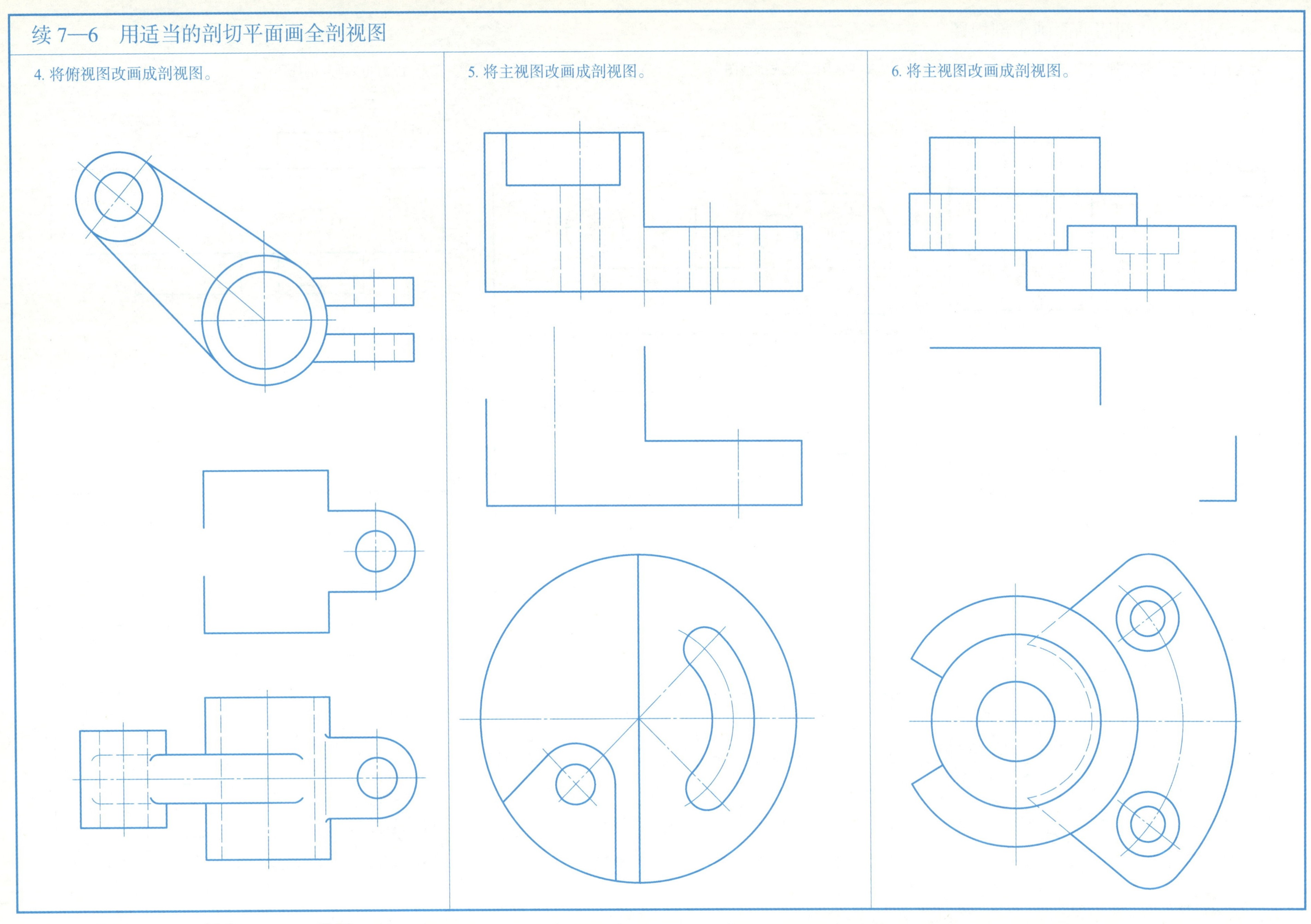

 班级 姓名 学号

续 7—6 用适当的剖切平面画全剖视图

7. 将左视图改画成剖视图。

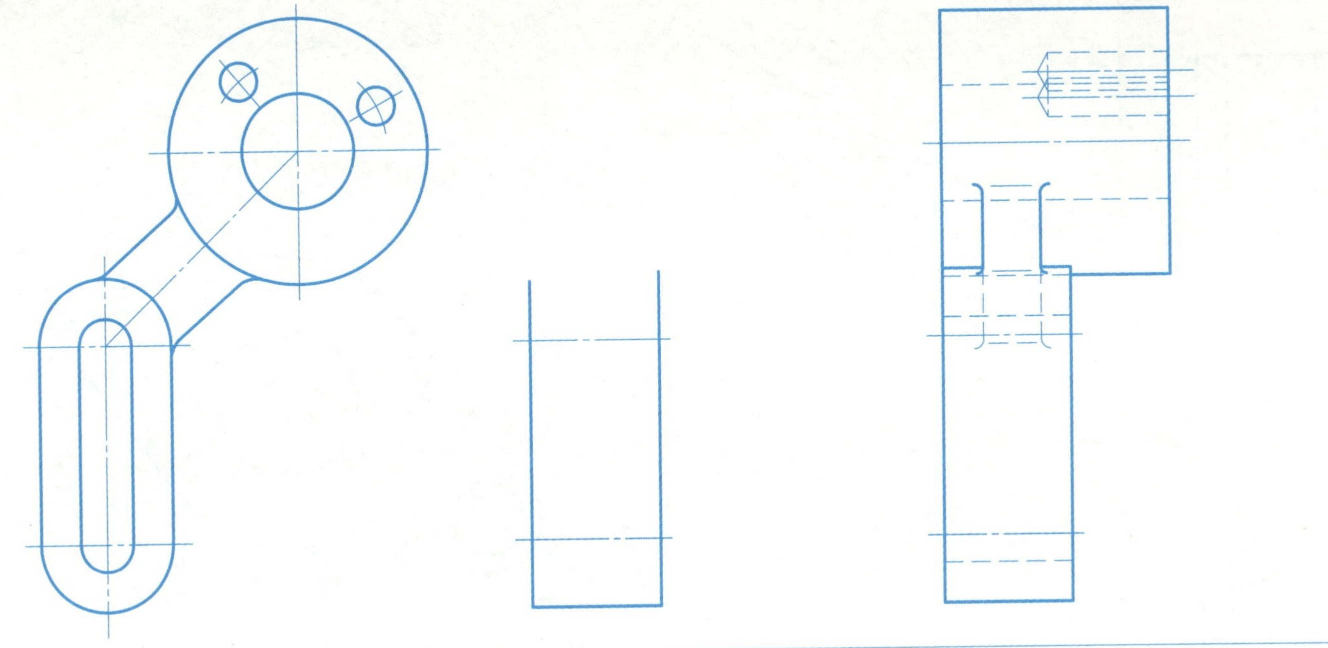

8. 将主视图改画成剖视图。

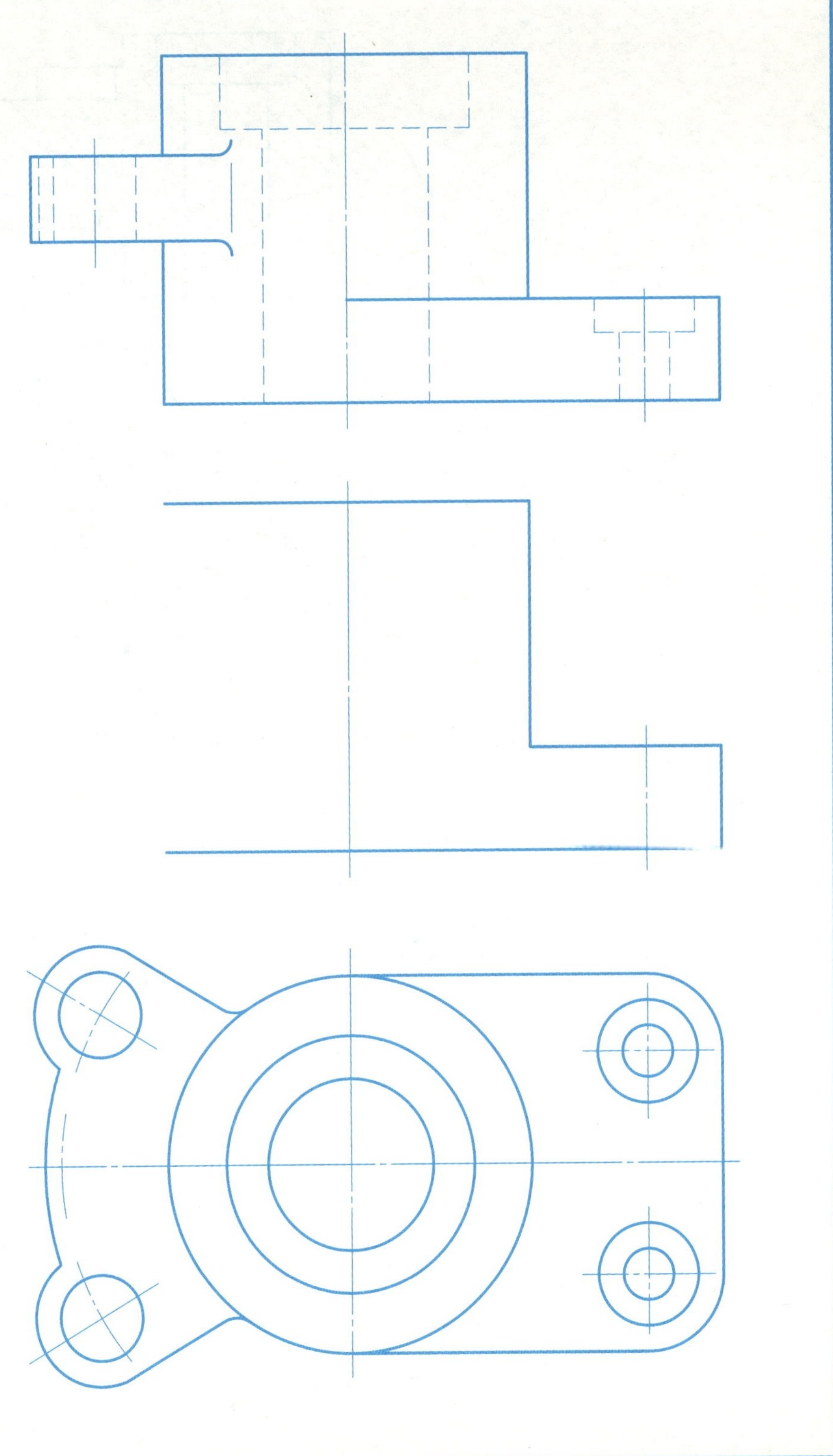

9. 将主视图改画成剖视图。

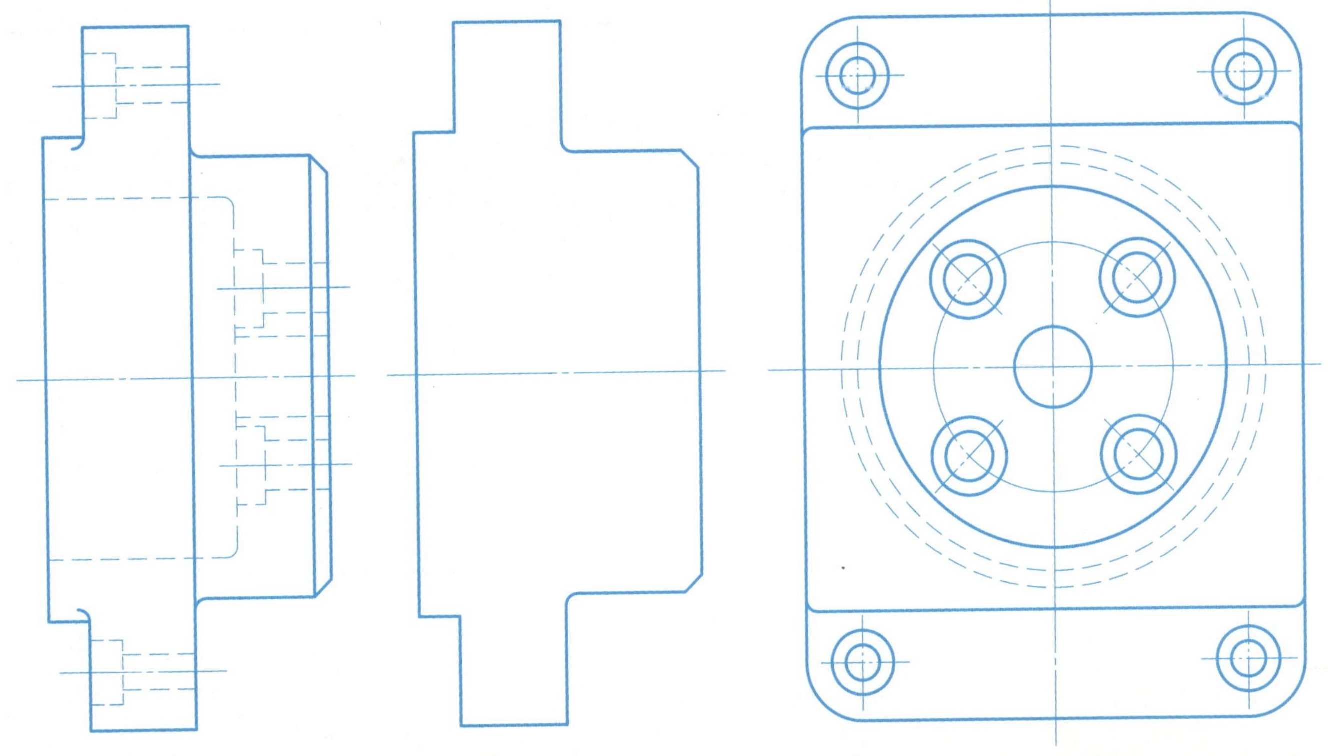

7—7 作斜剖视图

1. 采用斜剖视，画出 B—B 全剖视图。
B—B
A—A
B
A
A
B
2. 在指定的位置画出 A—A 及 B—B 全剖视图。
A—A
A
A
B
B
B—B
3. 在指定的位置画出 A—A 全剖视图。
A
A
A—A

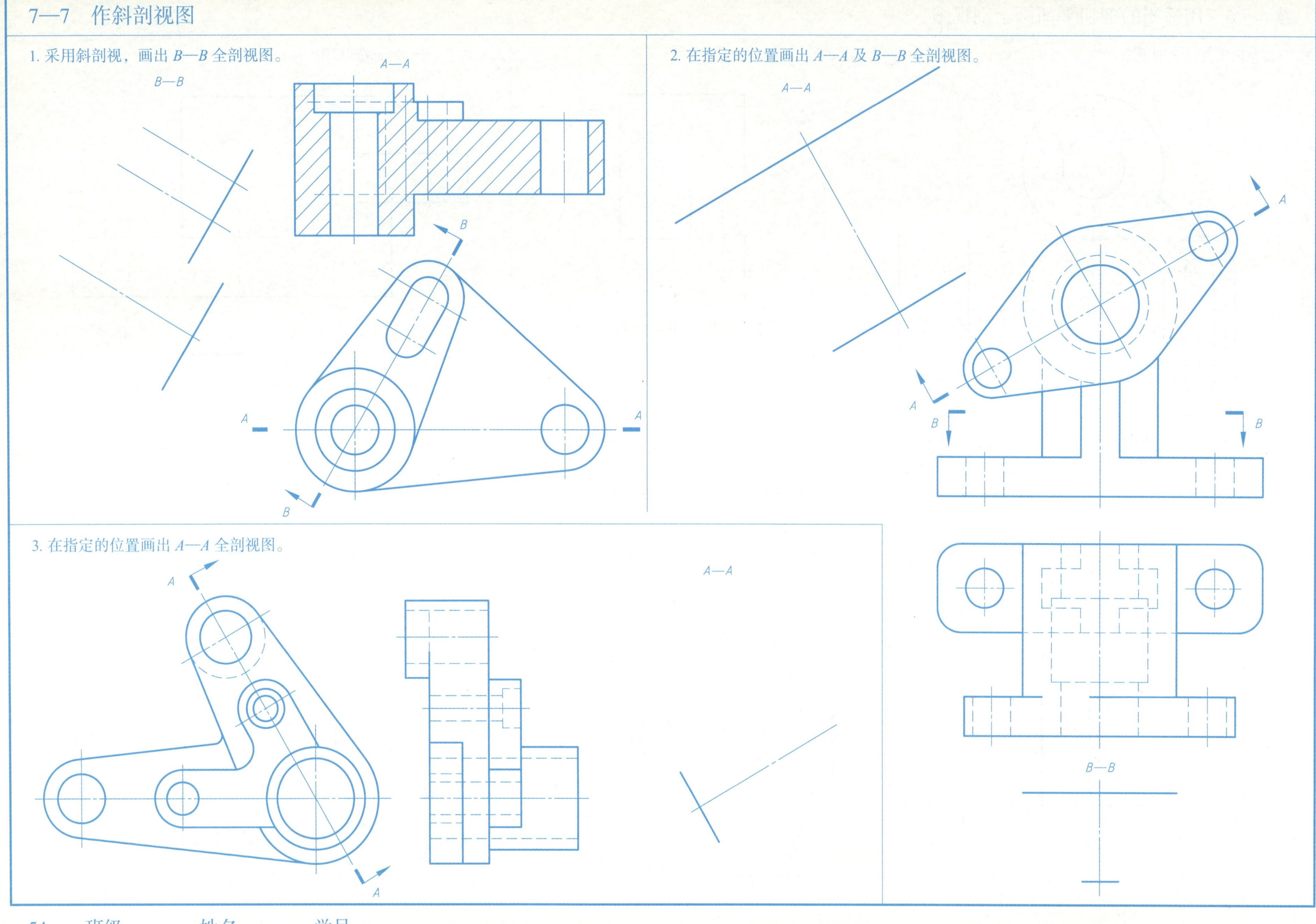

7—8 断面图

1. 画出轴上指定位置的断面图（左、右键槽深 4mm）。

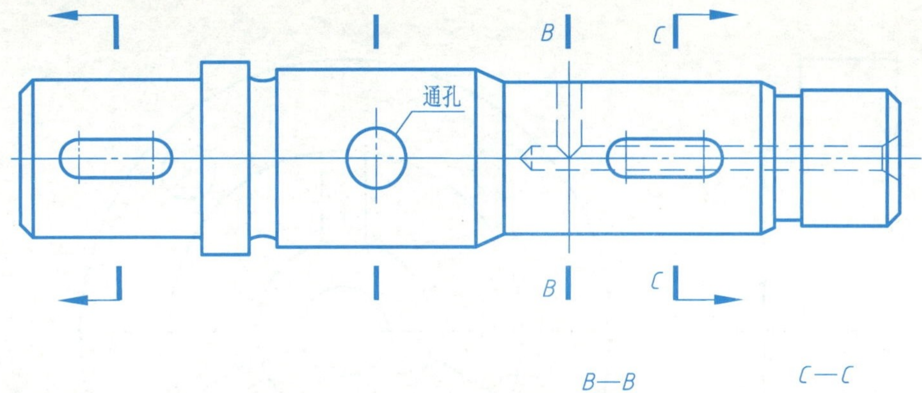

2. 作移出断面图。

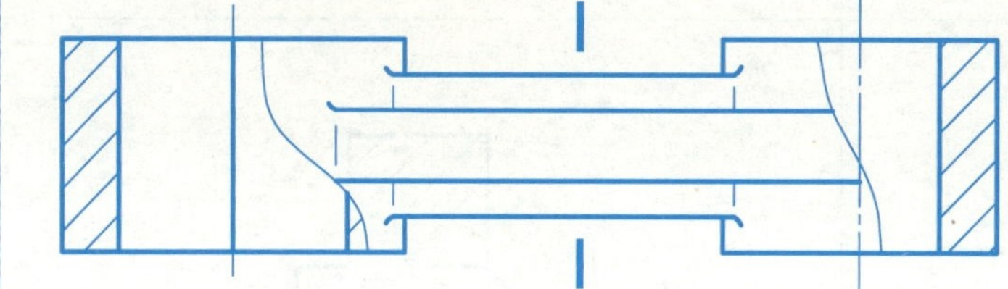

3. 用两个相交剖切平面剖切后，作移出断面图。

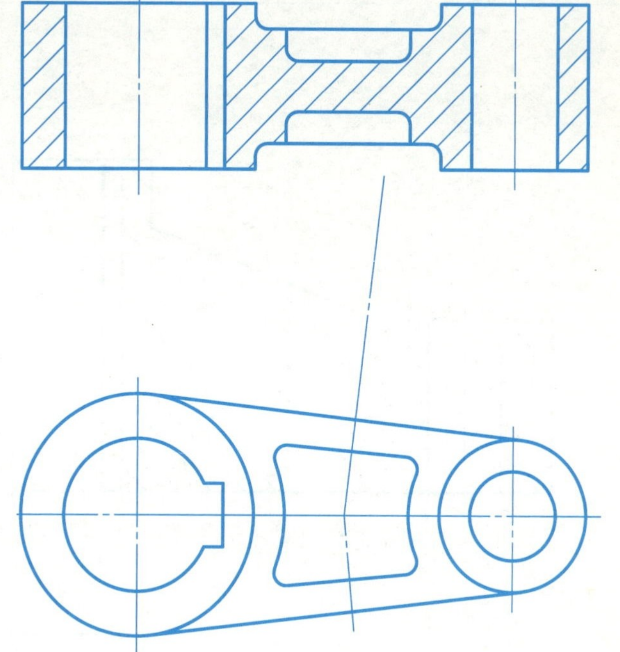

4. 画出 *A—A* 断面图。

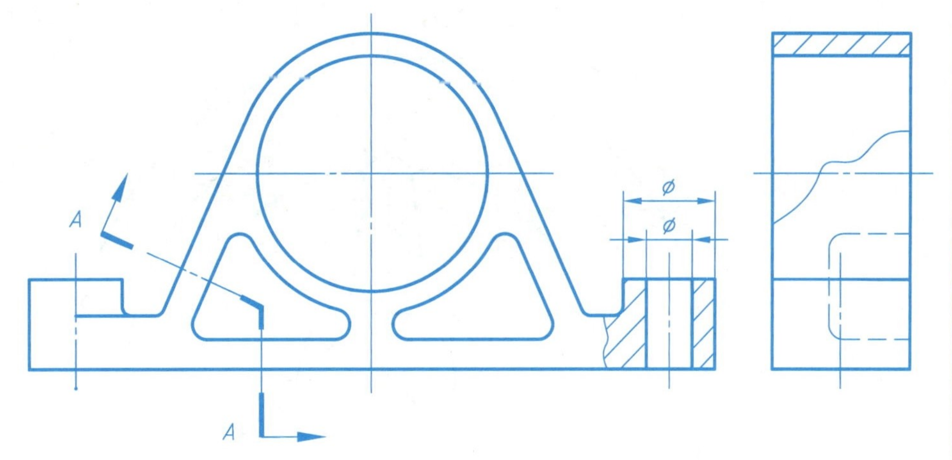

5. 指出下面剖面符号的画法错误，把移出断面图改画成重合断面图。

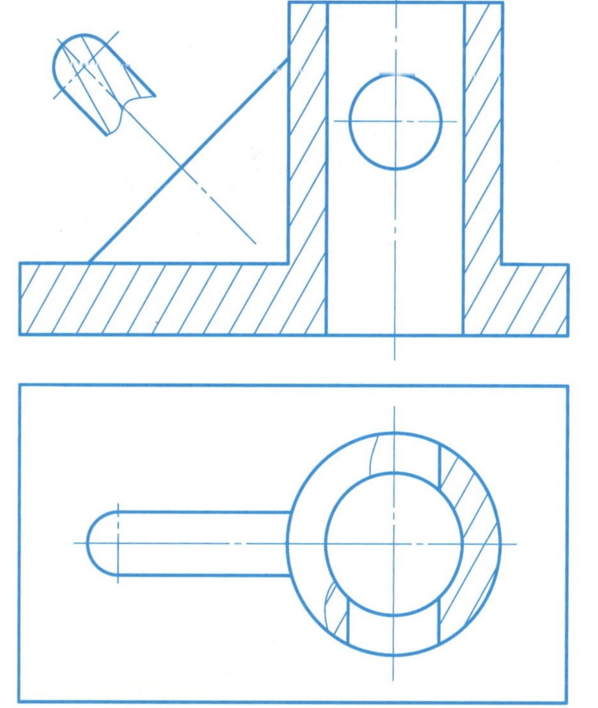

6. 在指定的位置按指定的投射方向，将L形角钢改画成重合断面图。

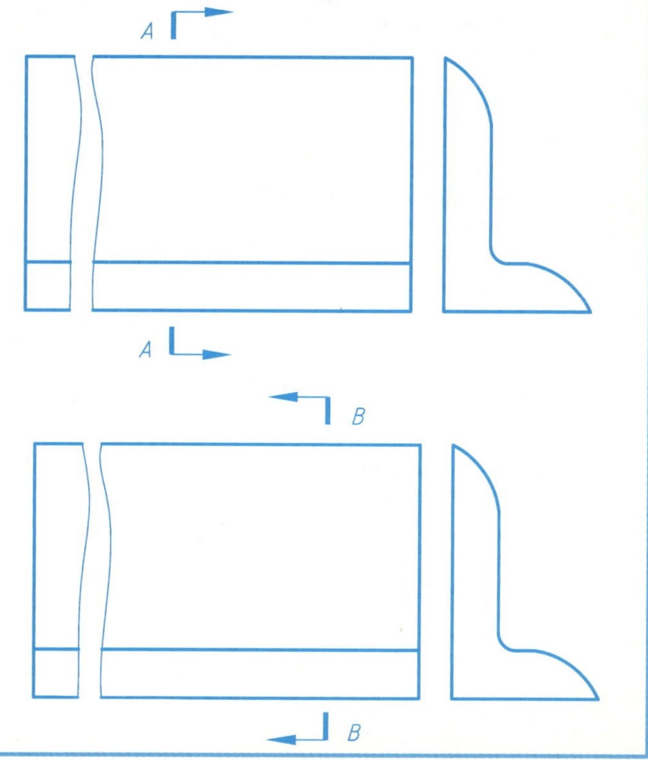

7—9 简化画法和规定画法

改正全剖主视图中的错误画法。

1.

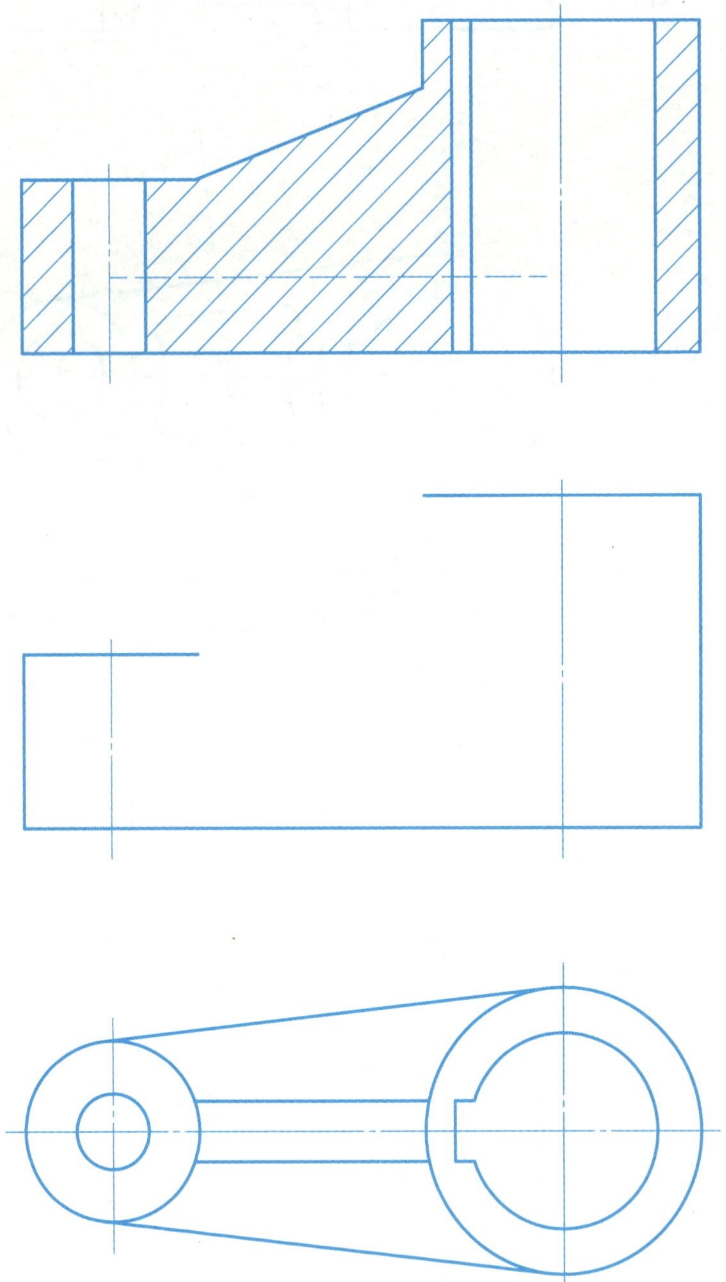

2.

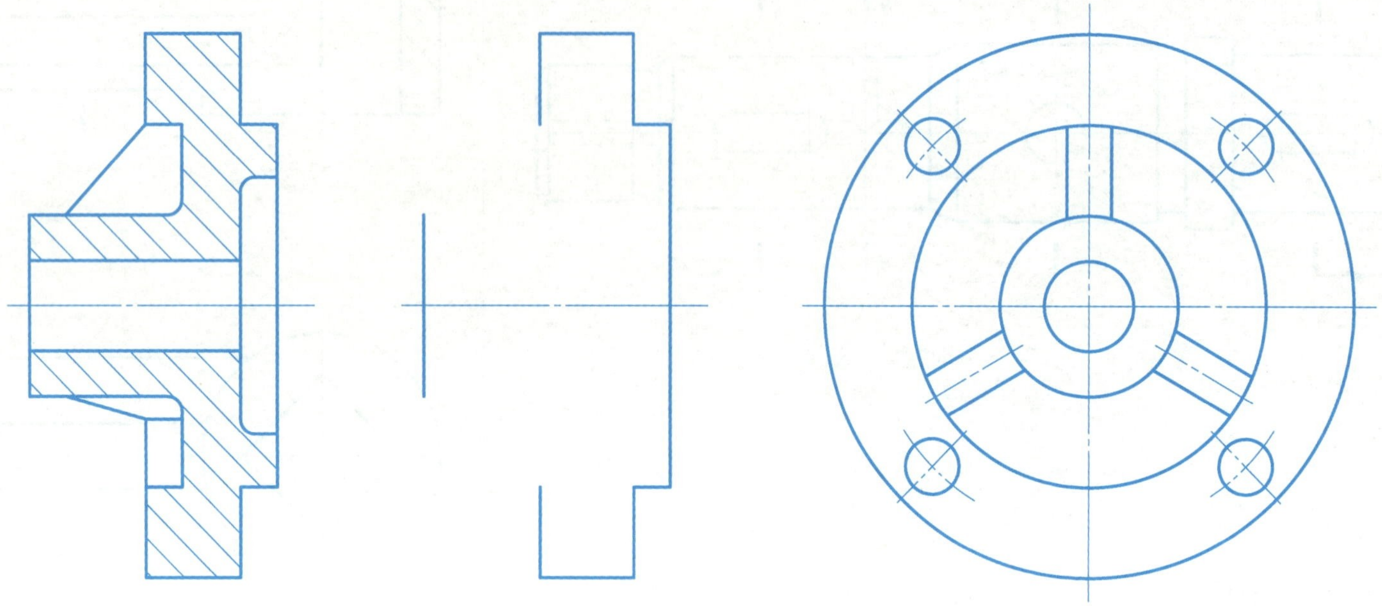

3.

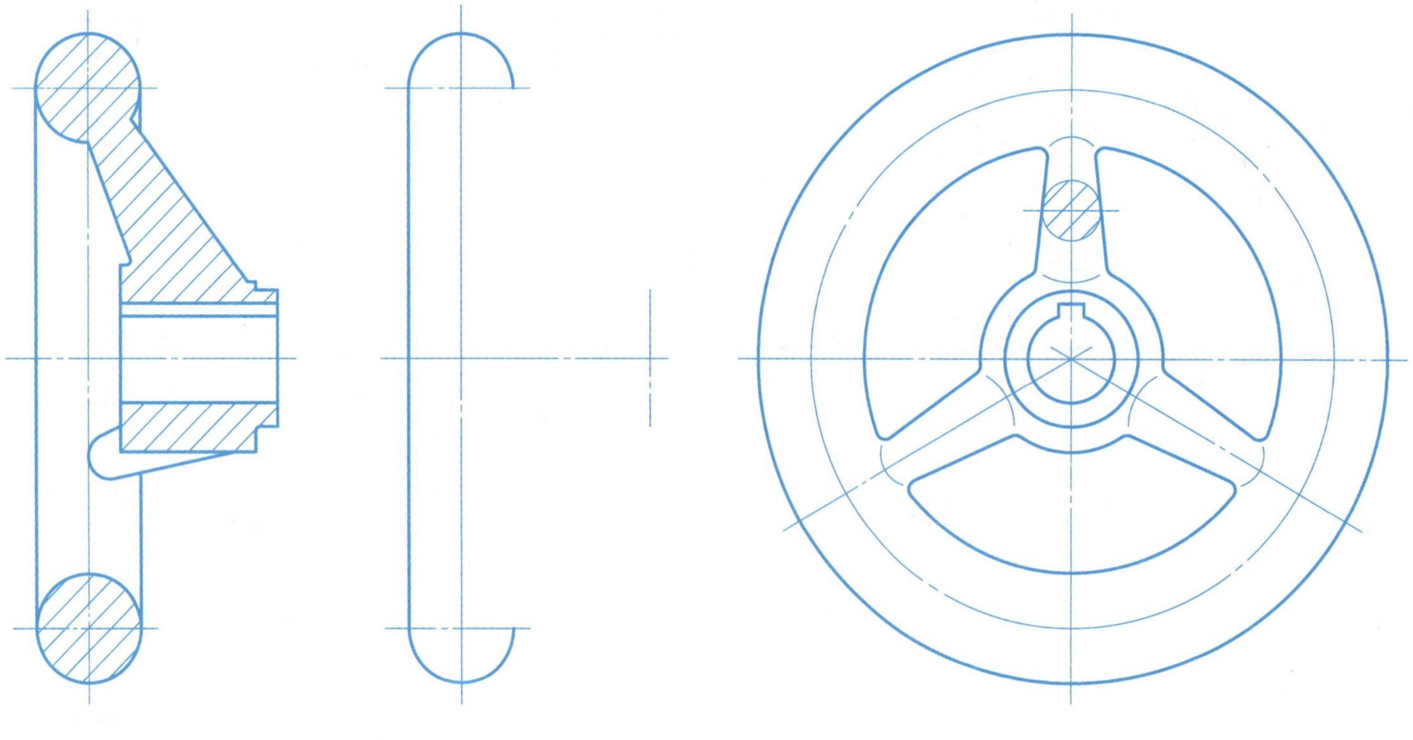

7—10　表达方法练习：对于下面用视图所示的机件，选用适当的表达方法把机件表达清楚（尺寸从图中直接量取）

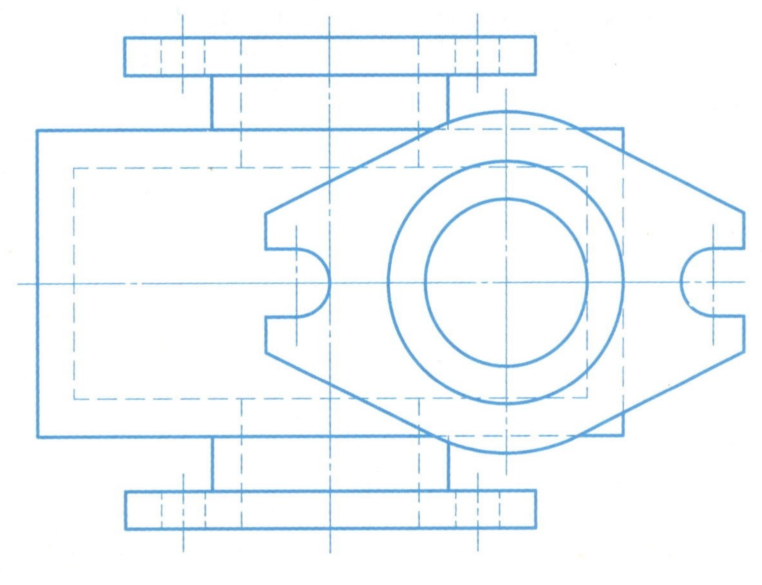

7—11 表达方法综合练习：选用适当的图幅，据图中尺寸按合适的比例，运用适当的表达方法表达清楚下列机件

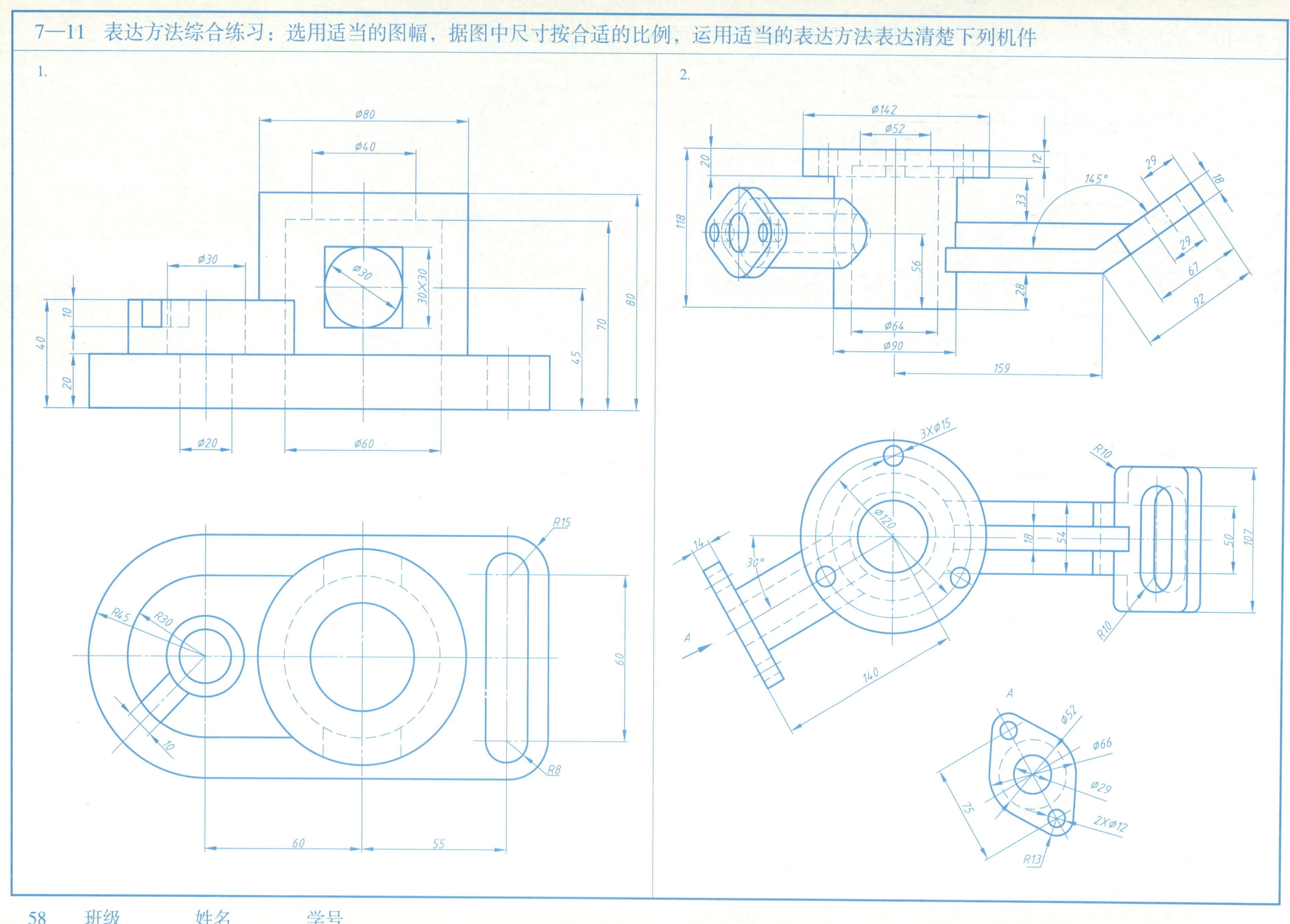

 班级 姓名 学号

7—12 采用适当的表达方法绘出其零件草图

注：

1. 所有的孔均为通孔。
2. 未注圆角均为 *R*5。

第 8 章　标准件和常用件的画法

8—1　识别下列螺纹的错误画法，并在空白处画出正确的图形

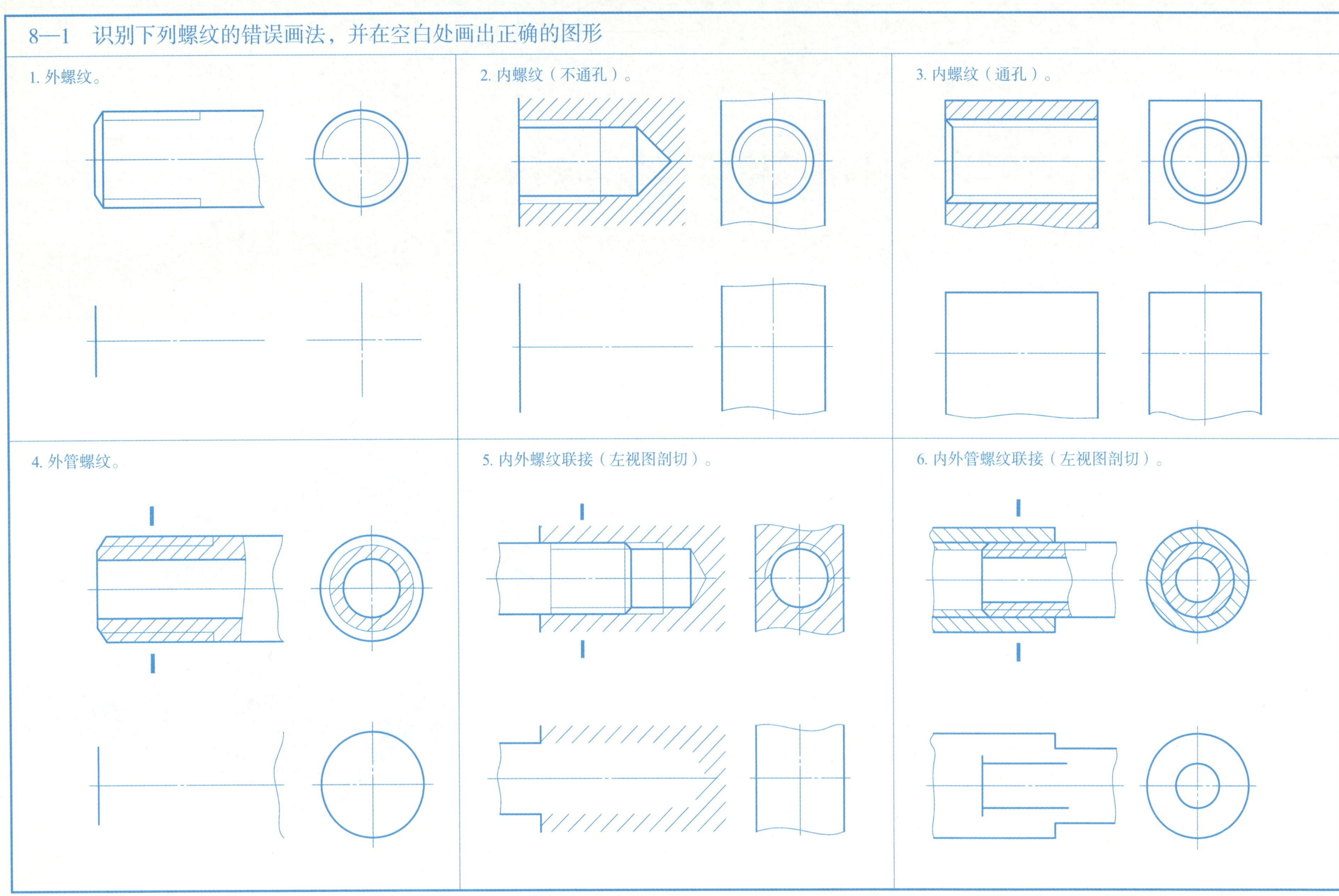

班级　　　　姓名　　　　学号

8—2　螺纹的标注

1. 粗牙普通螺纹，大径30mm，螺距3.5mm，右旋，中径、顶径公差带代号6g，中等旋合长度。

2. 细牙普通螺纹，大径30mm，螺距1.5mm，左旋，中径、顶径公差带代号6H，短旋合长度。

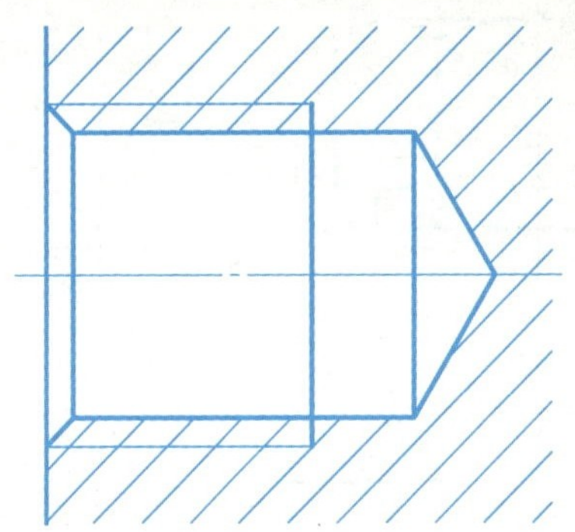

3. 梯形螺纹，大径32mm，导程12mm，双线，左旋。

4. 锯齿形螺纹，大径32mm，螺距6mm，右旋。

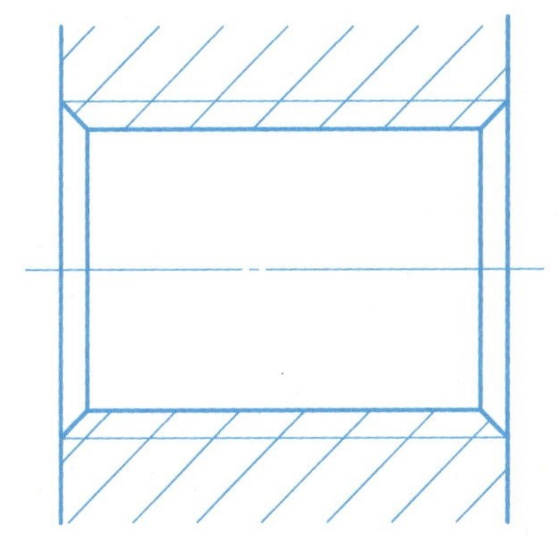

5. 非密封圆柱管螺纹，尺寸代号1，左旋。

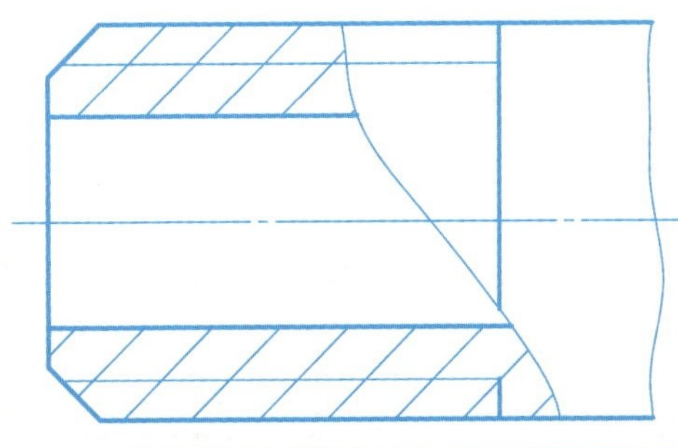

6. 55°密封圆锥管螺纹，尺寸代号1/2，右旋。

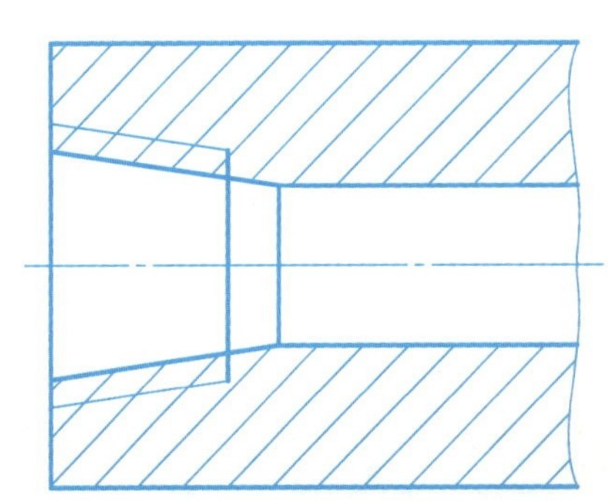

8—3　螺纹紧固件的标记

通过查表注写下列紧固件的尺寸数值，并填写规定的标记。

1. A级六角头螺栓，螺纹规格为M12，公称长度 l=50mm。

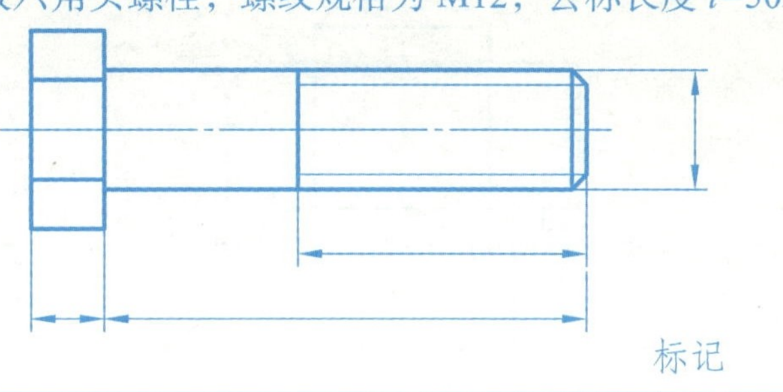

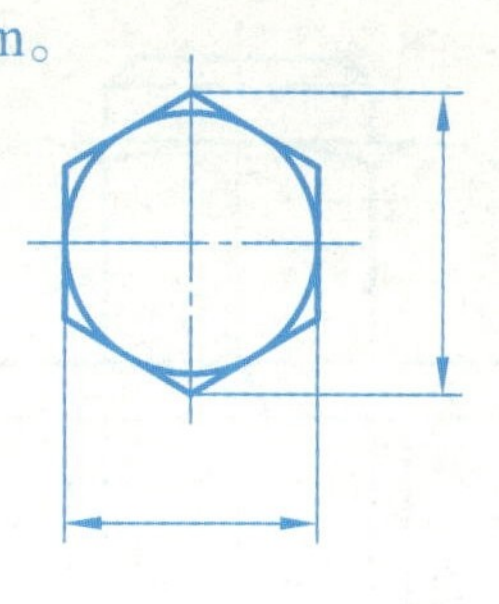

标记

2. B型双头螺柱，螺纹规格为M16，公称长度 l=45mm，旋入端 $b_m=1.25d$。

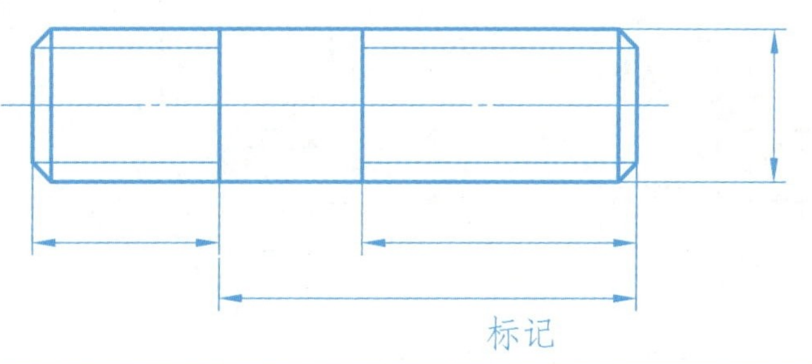

标记

3. 开槽沉头螺钉，螺纹规格为M10，公称长度 l=45mm。

标记

4. A级1型六角螺母，螺纹规格为M16。

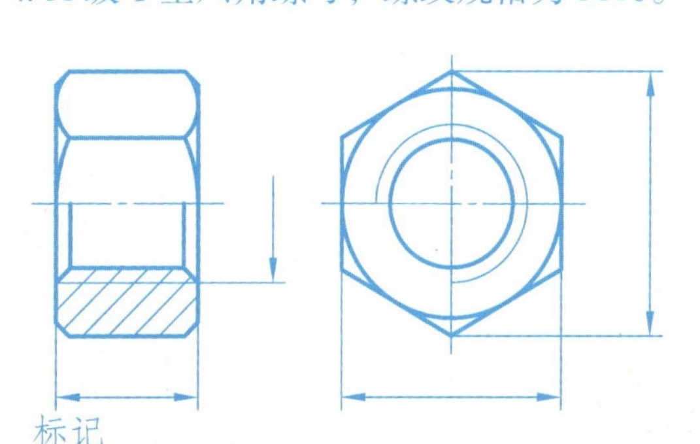

标记

5. A级平垫圈，公称规格16mm，倒角型。

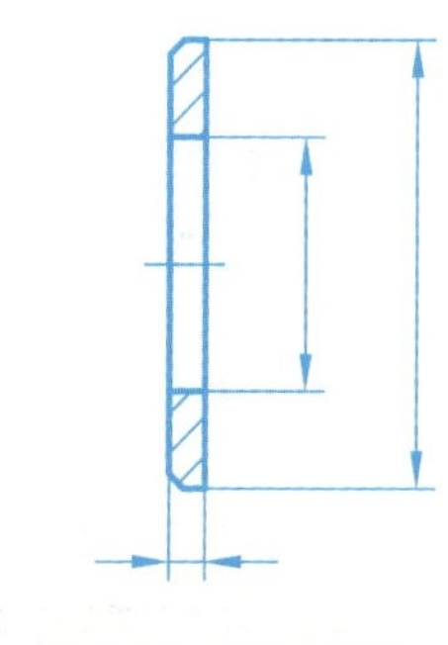

标记

8—4 螺纹连接件

1. 识别 1）、2）中双头螺柱连接画法的错误，在错误画法处打 X，然后在 3）中画出正确的连接图。

1）

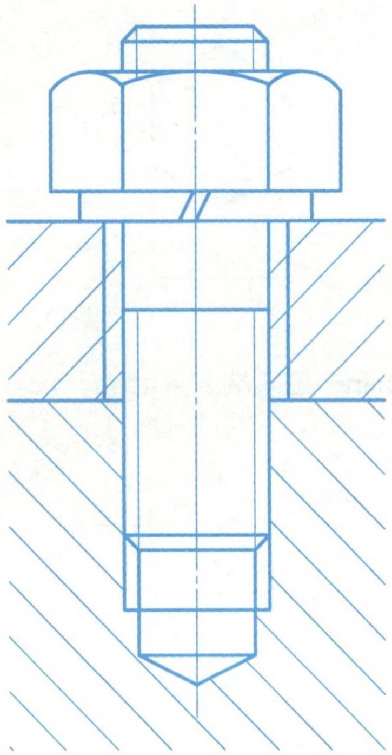

2）

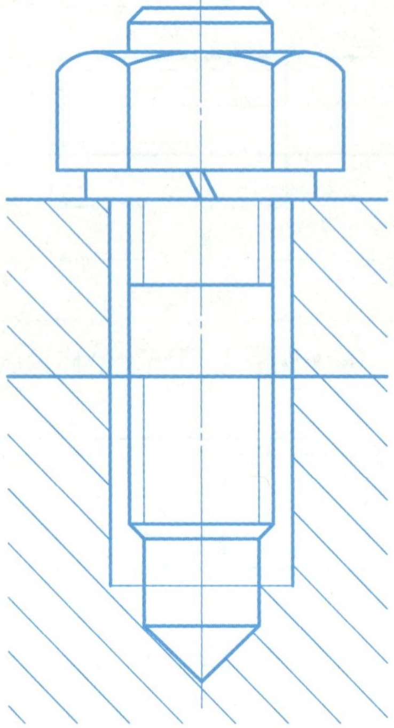

3）

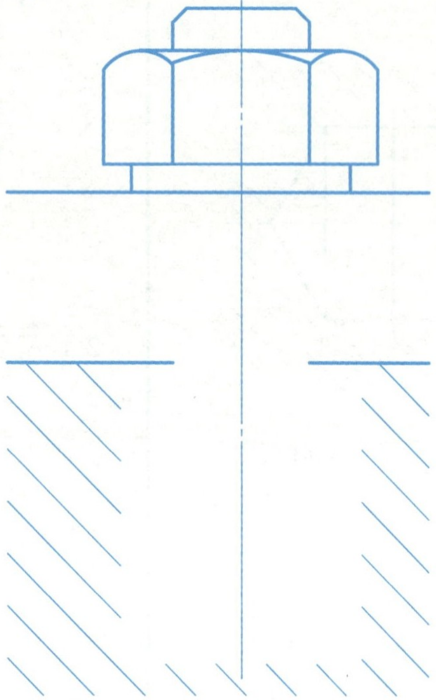

2. 分析螺栓连接三视图中的画法错误，补全所缺的图线。

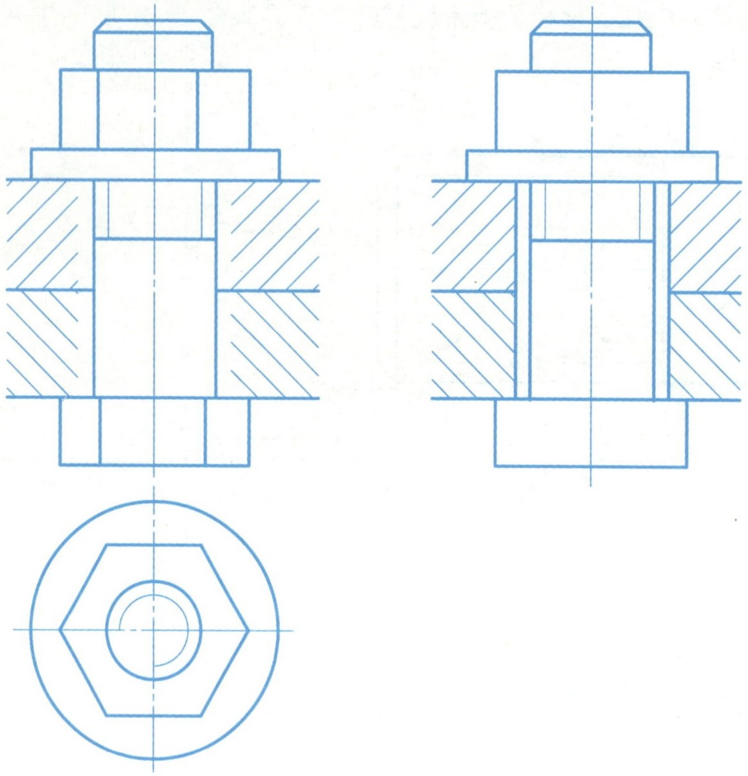

3. 识别螺钉连接画法的错误，在右边画出正确的螺钉连接图。

1）

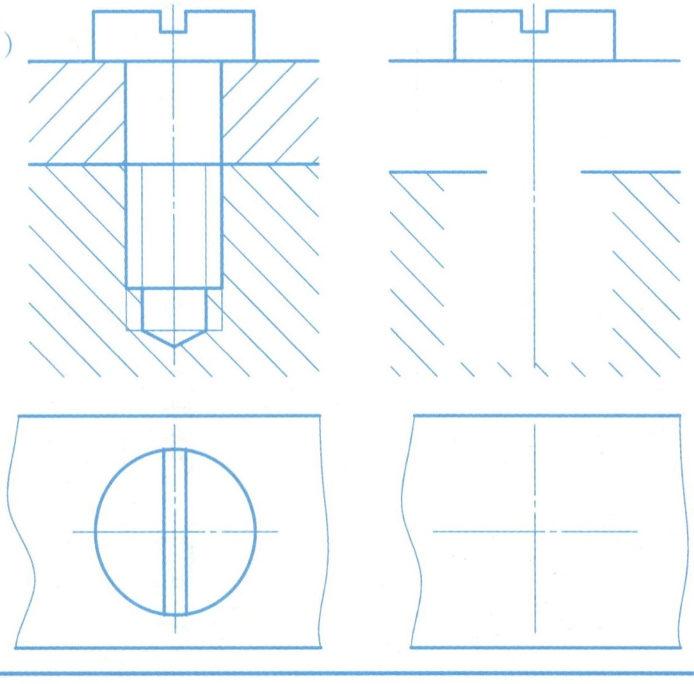

2）

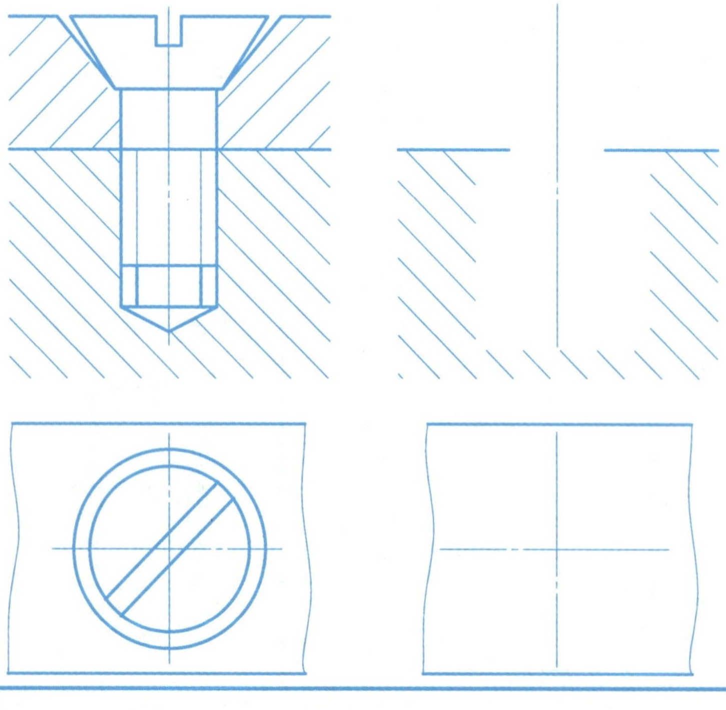

3）

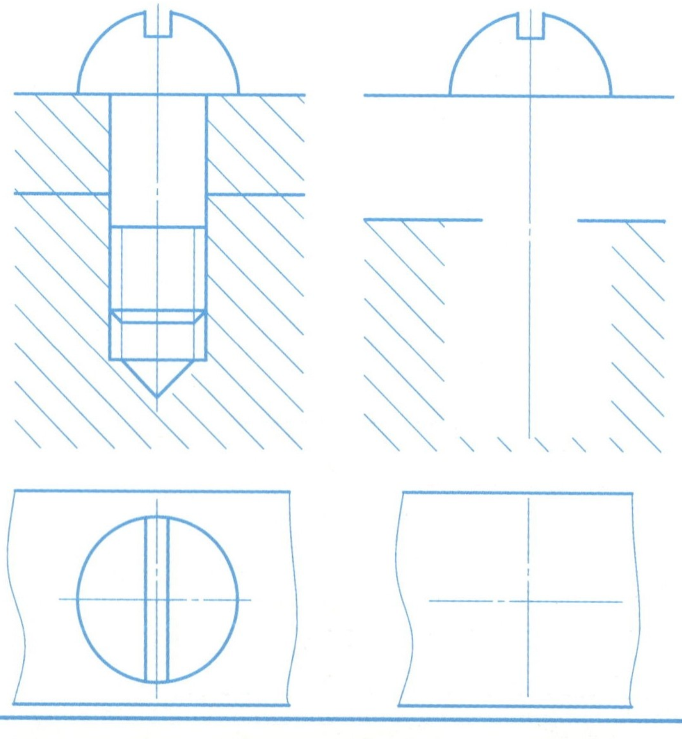

8—5 绘制螺纹连接图

1. 画螺栓连接的三视图（主视图画成全剖视图）。
已知条件：螺栓 GB/T 5782—2000 M20 × L；
螺母 GB/T 6170—2000 M20；
垫圈 GB/T 97.1—2002 20；
两联接件厚度分别为 t_1=20mm，t_2=25mm。

2. 画双头螺柱连接的两视图（主视图画成全剖视图）。
已知条件：螺柱 GB/T 898—1988 M20 × L；
螺母 GB/T 6170—2000 M × 20；
垫圈 GB/T 93—1987 20；
光孔件厚度 t=20mm，螺孔件材料为铸铁。

3. 画螺钉连接的两视图（比例 2 ∶ 1）。
已知条件：螺钉 GB/T 68—2000 M8XL；
光孔厚度 t=15mm；
螺孔材料为铝。

8—6 圆柱齿轮、直齿锥齿轮

1. 已知标准直齿圆柱齿轮模数m=3mm，齿数z=30。计算确定各部分尺寸并完成其两视图。

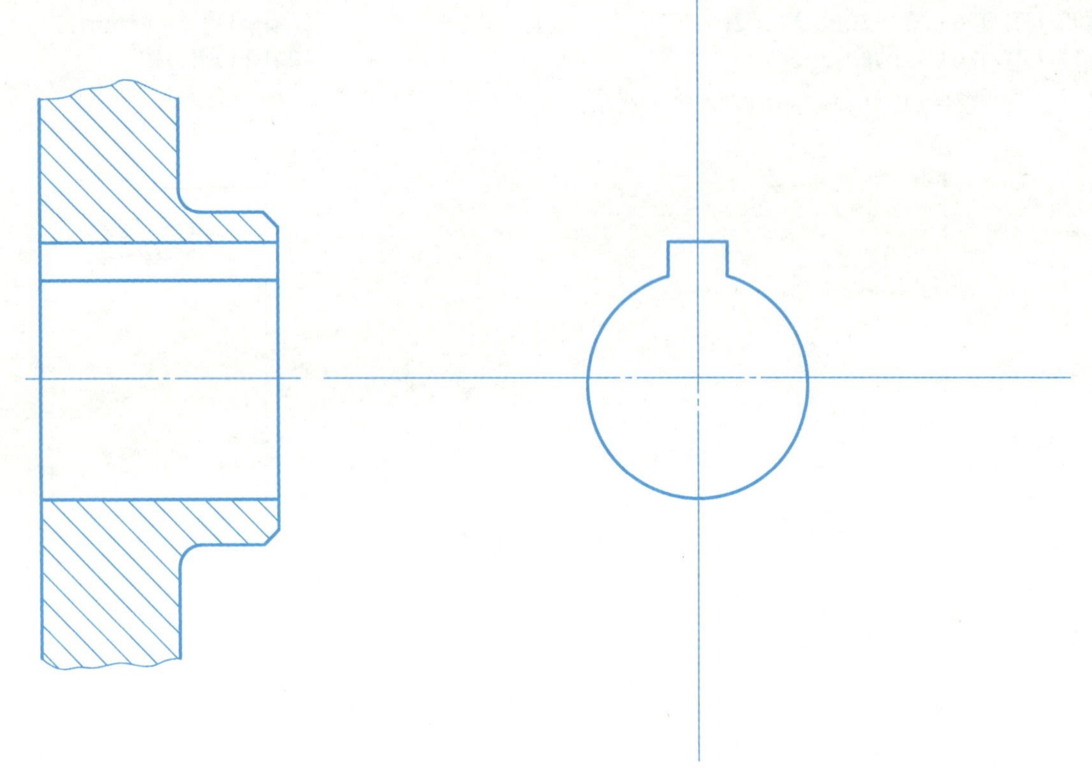

2. 已知大齿轮模数m=5mm，齿数z=40，两轮中心距a=150mm。试计算大小齿轮的d、d_a、d_f。用1：2的比例完成啮合图。

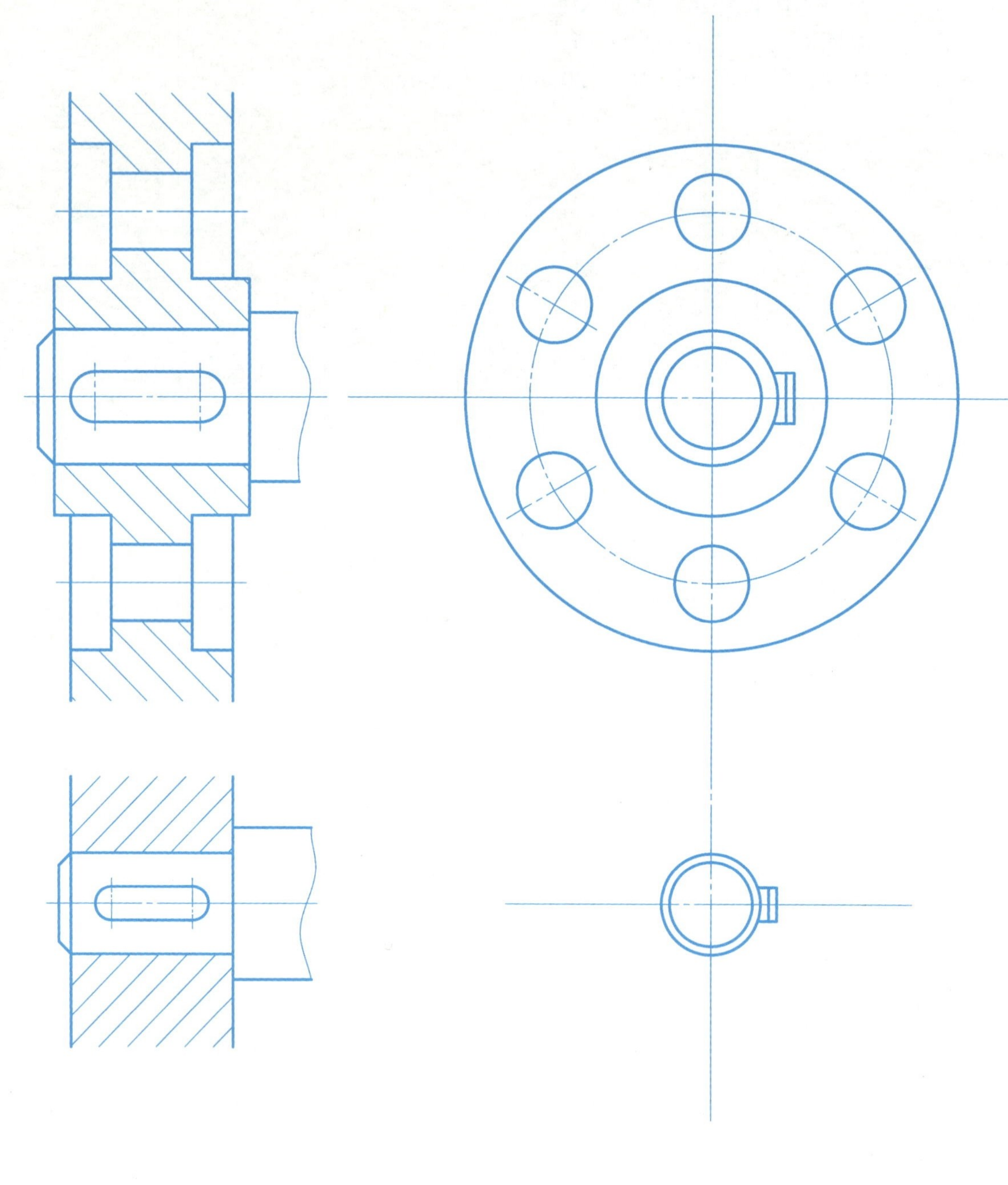

3. 已知锥齿轮模数m=5mm，齿数z=25，分度圆锥角=45°。试计算轮齿的各公称尺寸，并用1：2比例完成两视图。

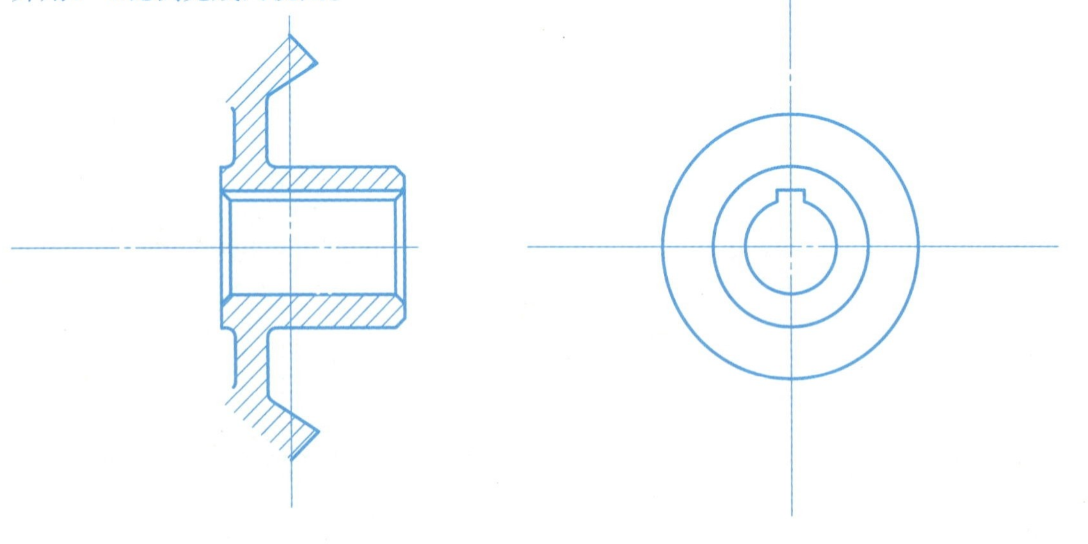

8—7　根据表中数据计算出锥齿轮 1、2 的各部尺寸，并画出齿轮啮合图（用 1∶1 比例，A3 图纸）

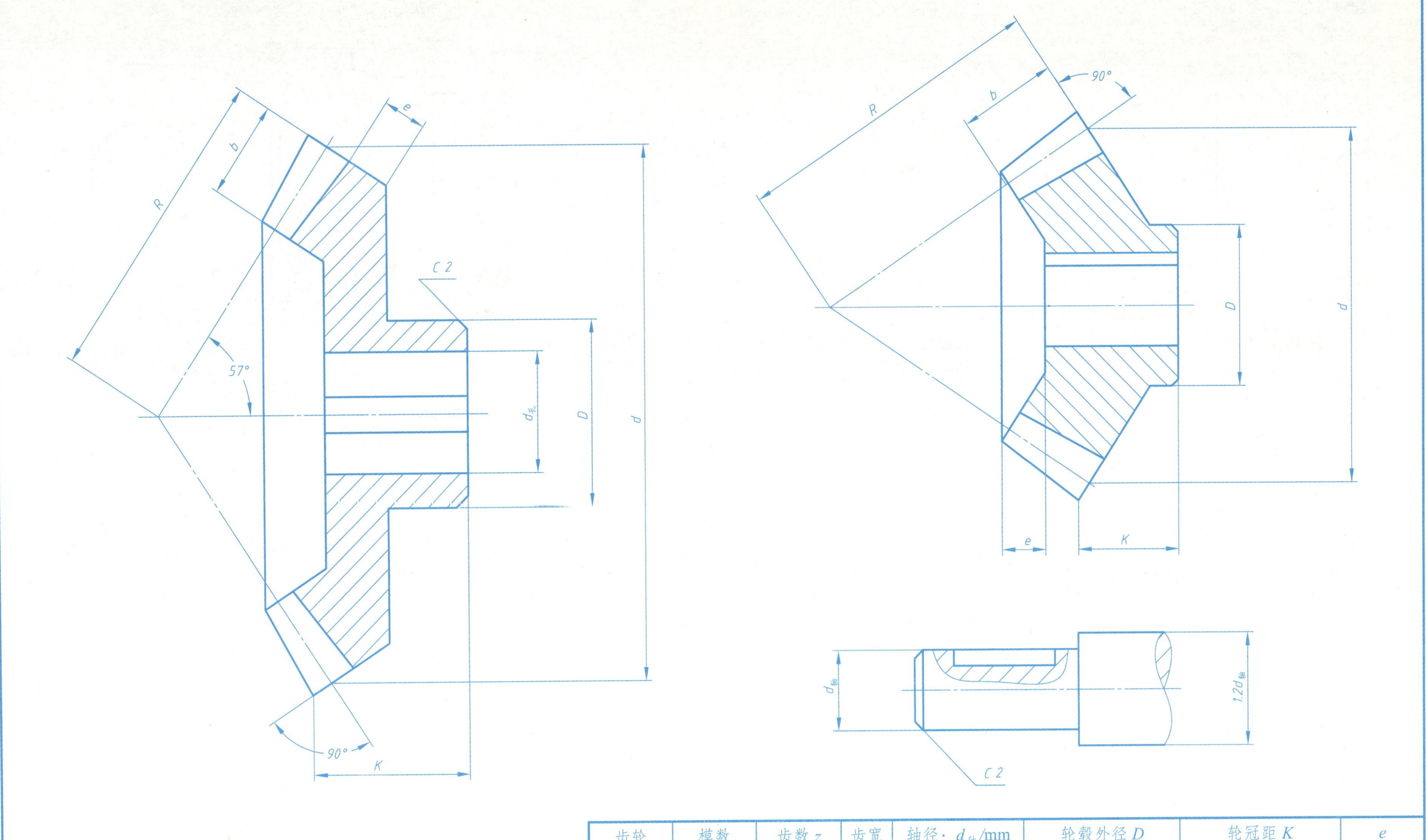

齿轮	模数	齿数 z	齿宽	轴径：$d_{轴}$/mm	轮毂外径 D	轮冠距 K	e
1	5	24	22	$\phi 28$	（1.6 ~ 2）$d_{轴}$	（1 ~ 1.5）$d_{轴}$	$2m$
2	5	16	22	$\phi 18$			

8—8 键、销联接，弹簧，轴承

1. 已知轮孔径ϕ25mm，长35mm，铸铁件，查标准画键槽并标注尺寸。

2. 已知轴径ϕ25mm，试根据题1轮孔的长度（35mm），查标准画轴键槽图并标注尺寸。

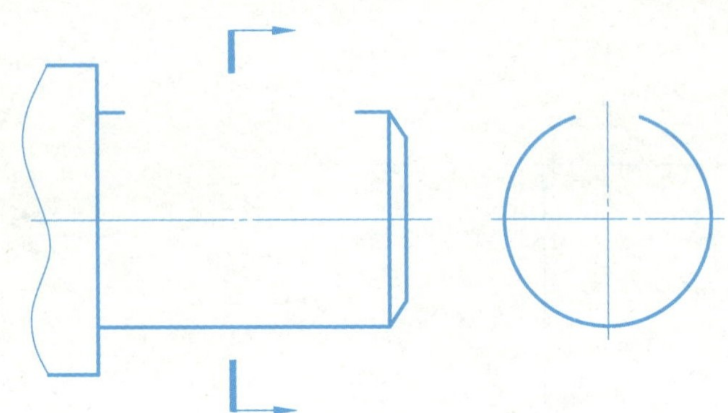

3. 根据第1、2题意，画其普通平键联接图（轮紧靠轴肩），并作B—B剖视图。

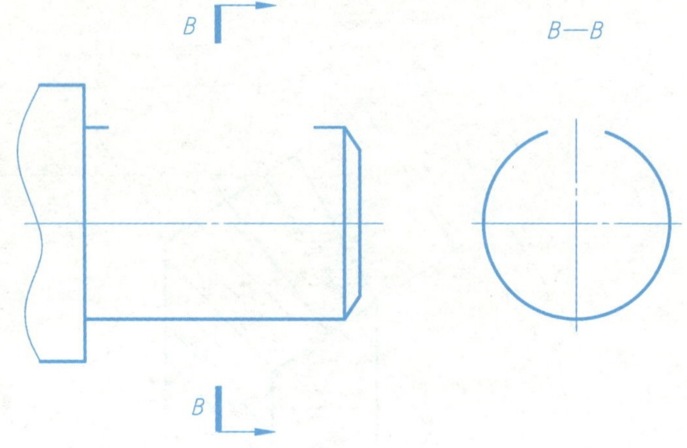

4. 用销GB/T 117—2000 8 × 50画销联接图。

5. 已知圆柱螺旋压缩弹簧簧丝直径5mm，弹簧外径40mm，节距10mm，弹簧自由高度为76mm，支承圈数$n0$=2.5，右旋。画出弹簧的全剖视图，并标注尺寸（用1：1比例）。

6. 用规定画法画出6206轴承（右端面靠紧轴肩A）。

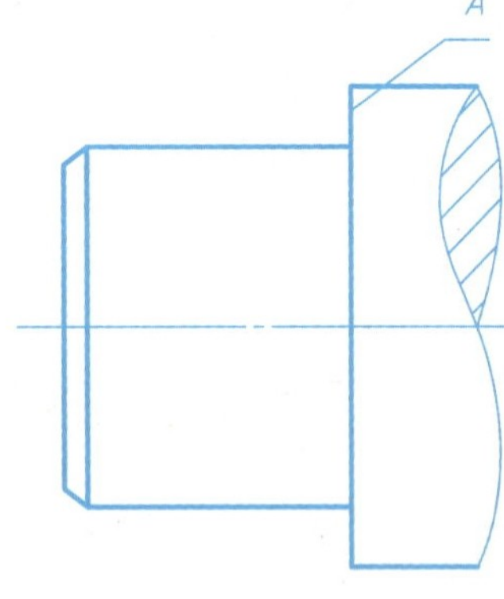

7. 用规定画法画出3206轴承（右端面靠紧轴肩A）。

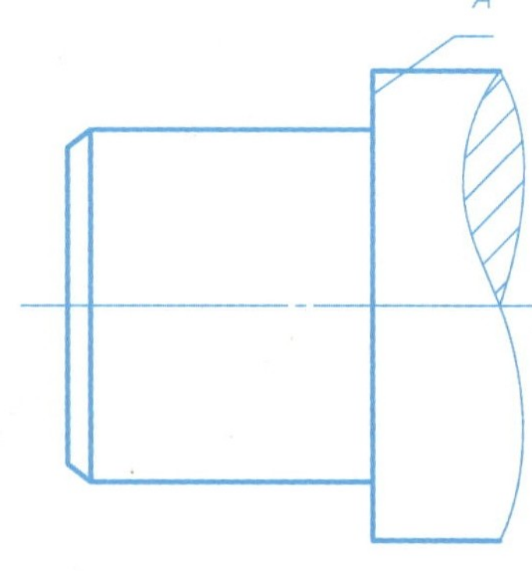

第 9 章　零件图

9—1　零件的表达方案

思考下面零件的表达方案。按合适的比例画出其草图（不必标尺寸）。

1.

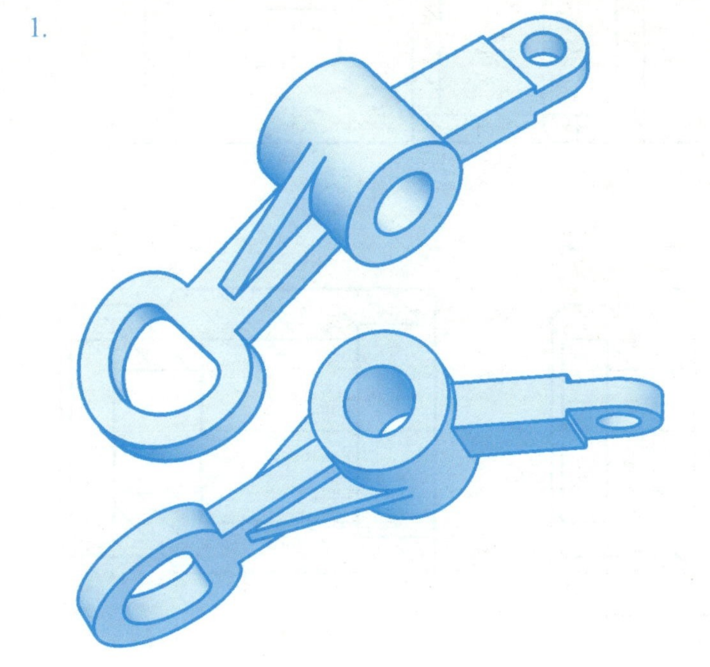

2.

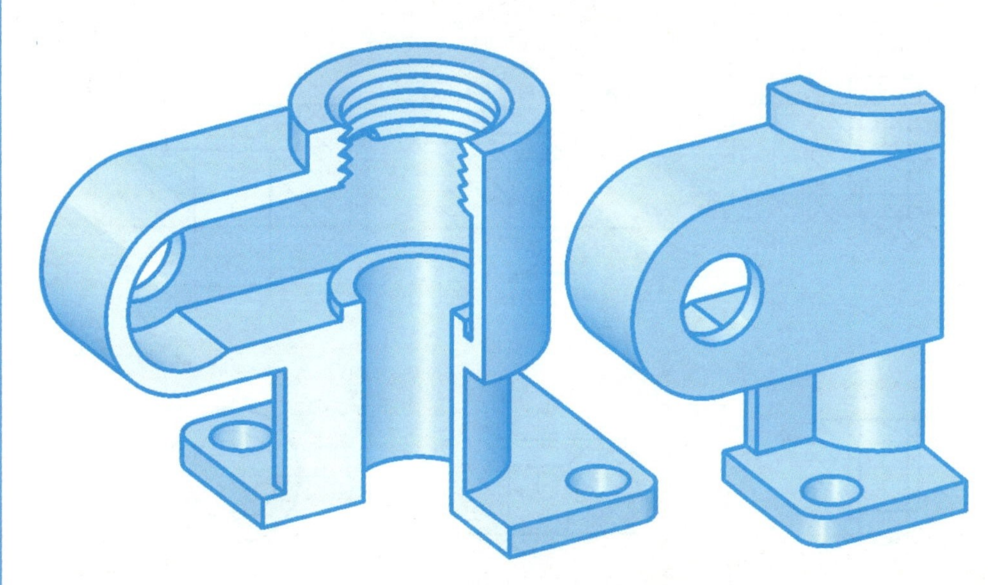

9—2　零件图上的工艺结构

1. 下面零件的工艺结构不尽合理，在保持图中尺寸的前提下对其进行修改，并在右侧画出较为合理的图形。

1）

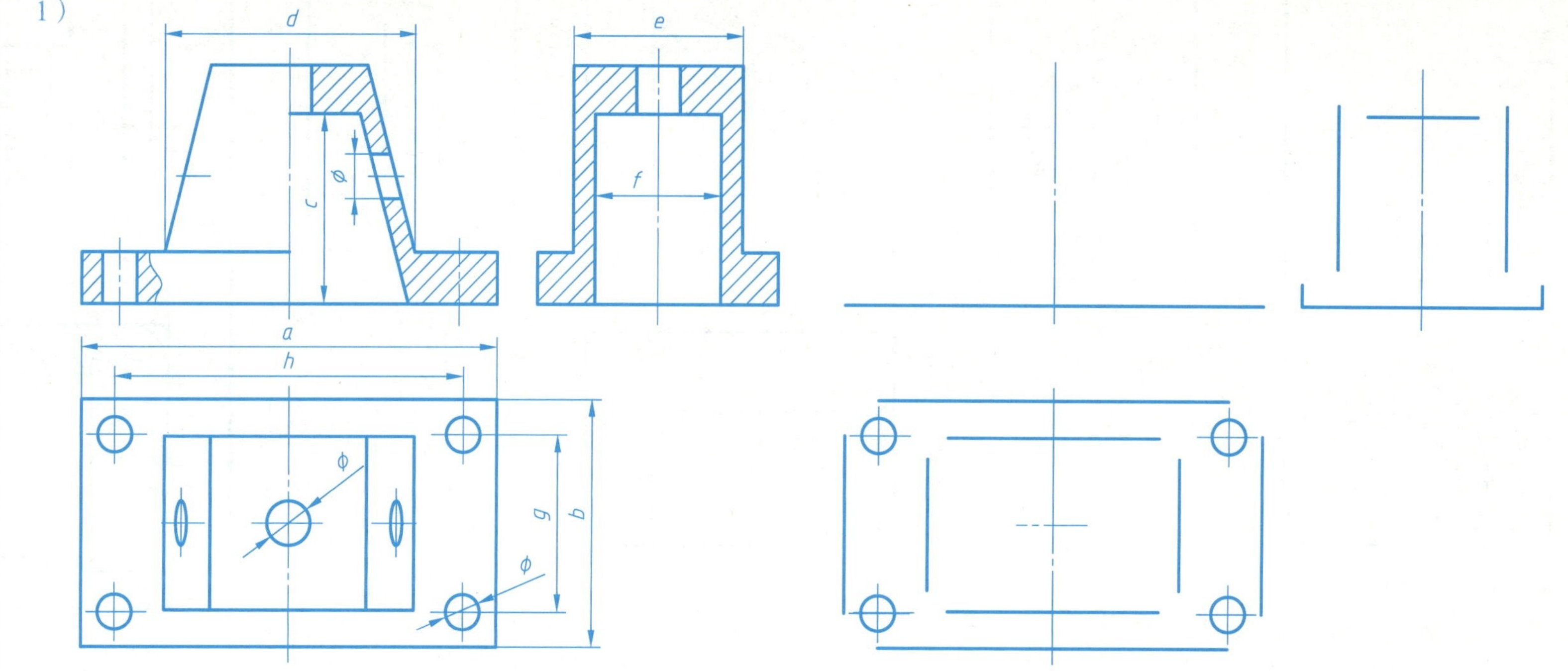

2）

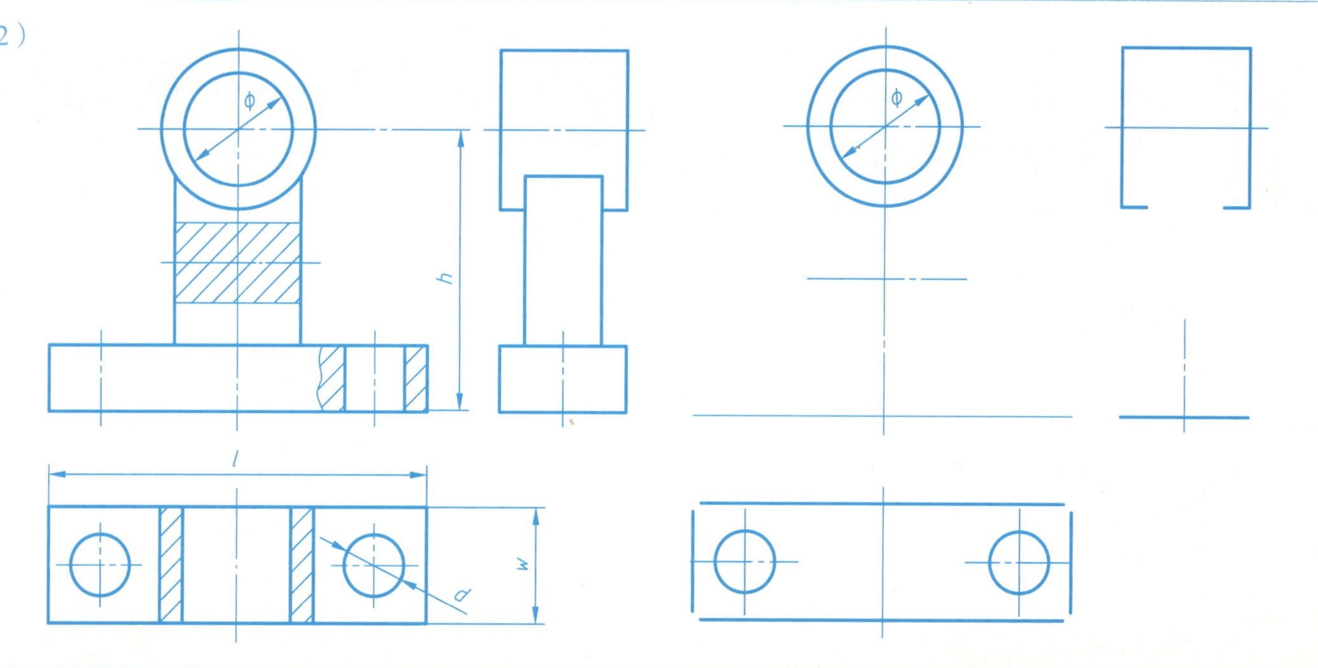

续 9—2 零件图上的工艺结构

2. 画出下面零件的过渡线。

1）

2）

3）

4）

9—3 零件图上的尺寸标注

1. 下面零件图中已标出的尺寸不尽合理，在右图中将其改正。

1）

2）

2. 把直接标出的孔的尺寸在下面的图中改为旁注法。

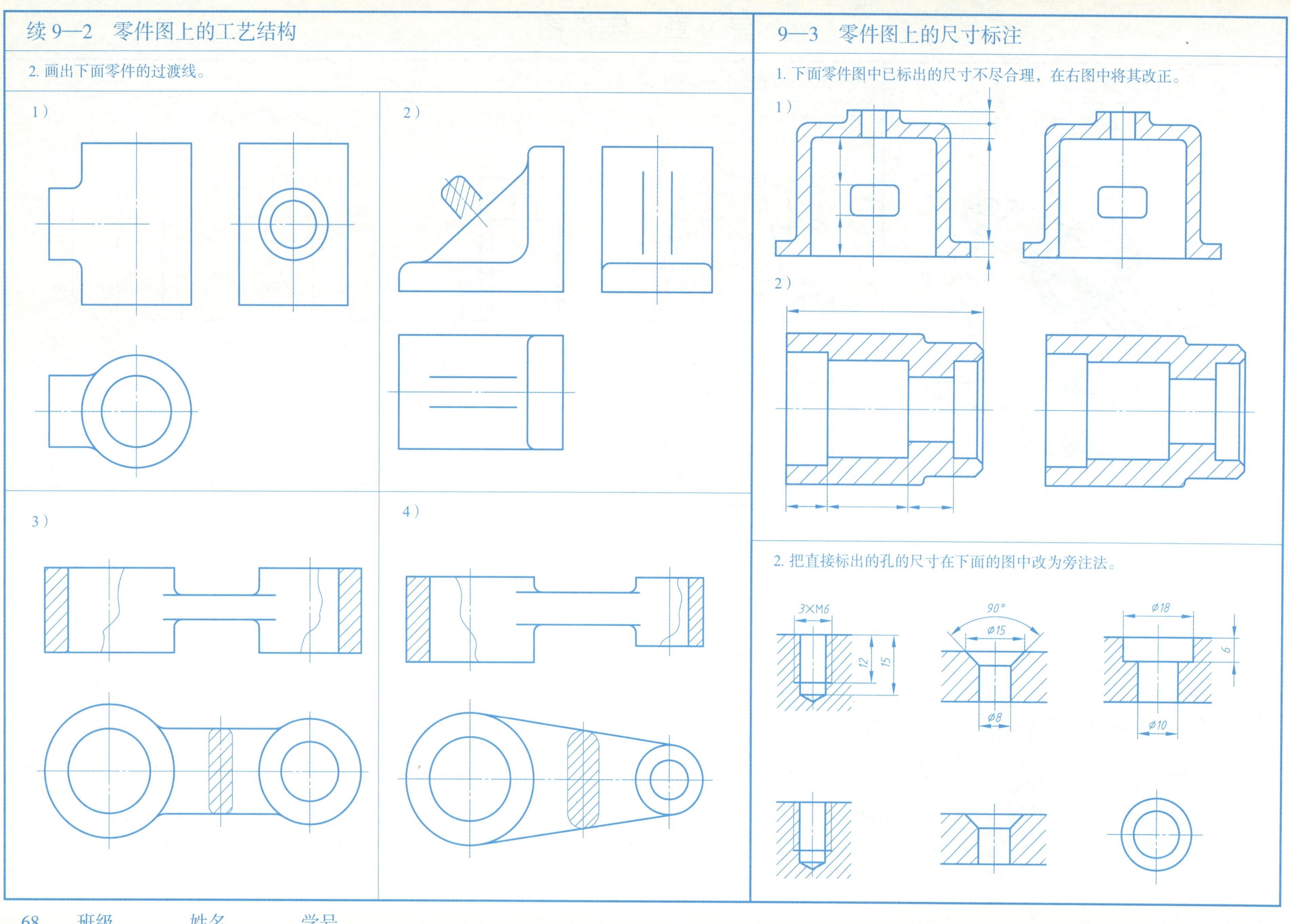

9—4 零件的表面结构

1. 分析表面结构代号的标注，把多余的代号画○；把错误的打×，并在图上按规定重新标出正确的代号。

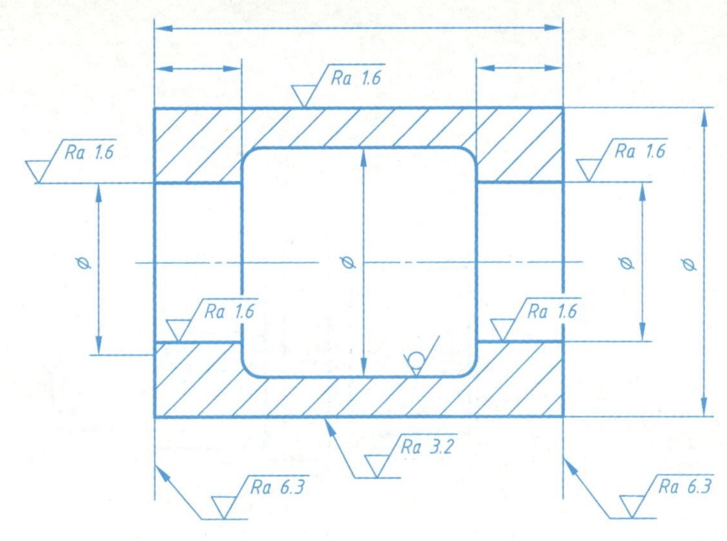

2. 标注如下图所示零件表面结构Ra值：各圆柱面为1.6μm，倒角、锥面为6.3μm，各平面为3.2μm。

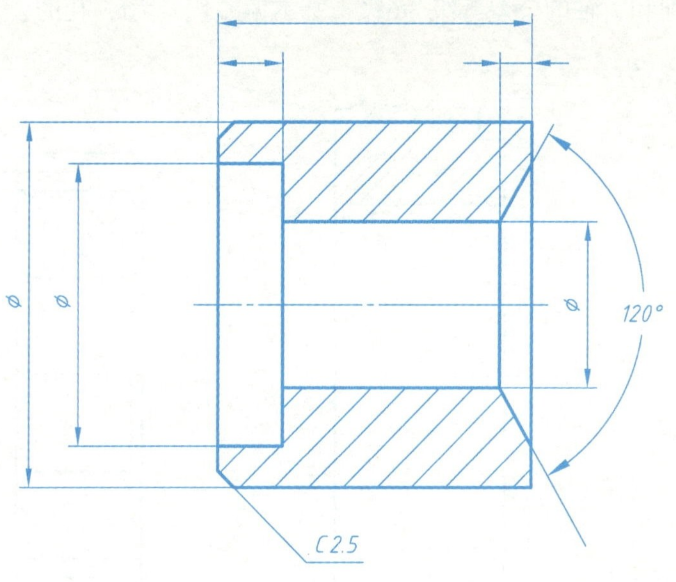

3. 标注如下图所示的齿轮的表面结构。要求Ra的值为：轮齿侧面为0.8μm，键槽两面为3.2μm，键槽底面为3.2μm，轴孔为3.2μm，其他均为12.5μm。

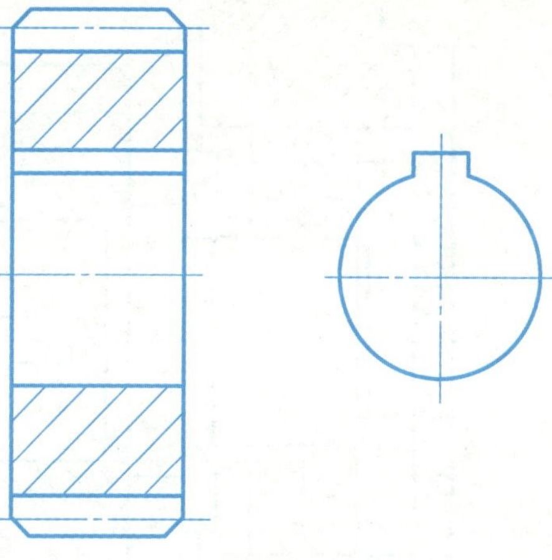

9—5 零件的尺寸公差

1. 如下图所示，根据配合代号ϕ30H7/r6，分别标注出孔和轴的极限偏差值。

2. 根据轴和孔的极限偏差值，分别注出配合代号。

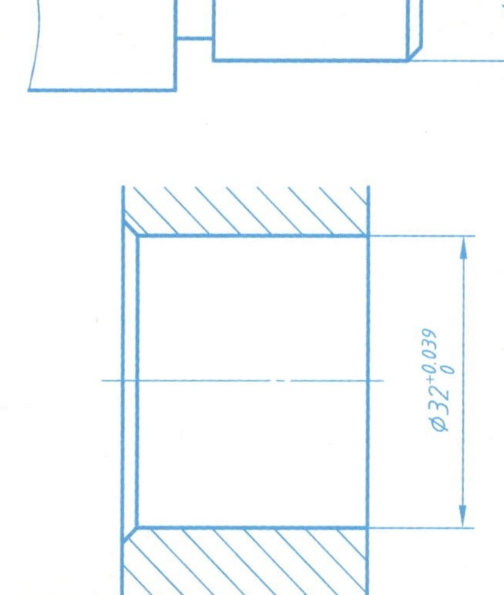

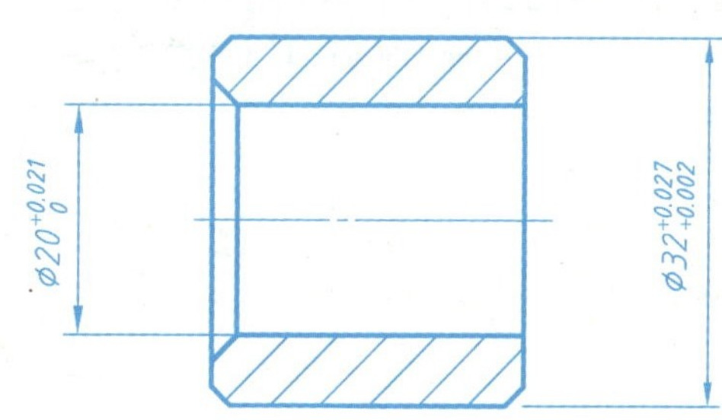

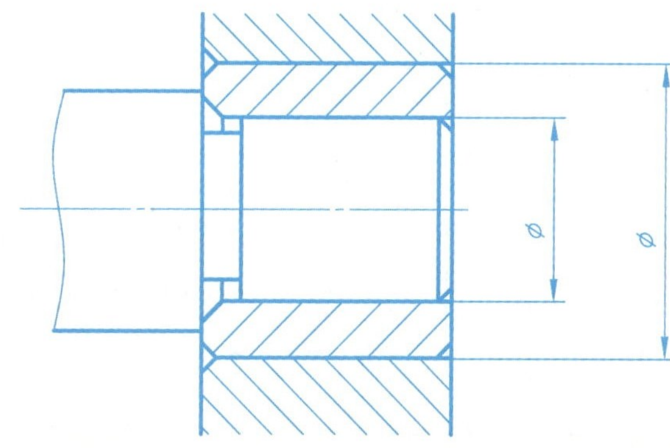

续 9—5 零件的尺寸公差

3. 根据已给出的基准制、公差等级及基本偏差代号，在减速器部件装配图中标注尺寸和配合代号，并在零件图上标注尺寸及偏差数值。1）减速器箱孔和滚动轴承外圈：公称尺寸为ϕ62mm采用基轴制过渡配合，减速器箱孔的公差等级为7级，基本偏差代号为K。2）轴与滚动轴承内圈：公称尺寸为ϕ30mm，采用基孔制过渡配合，轴的公差等级为6级，基本偏差代号为k。3）齿轮孔径与轴：公称尺寸为ϕ35mm，采用基孔制间隙配和，轴的公差等级为6级，基本偏差代号为f，孔的公差等级为7级。

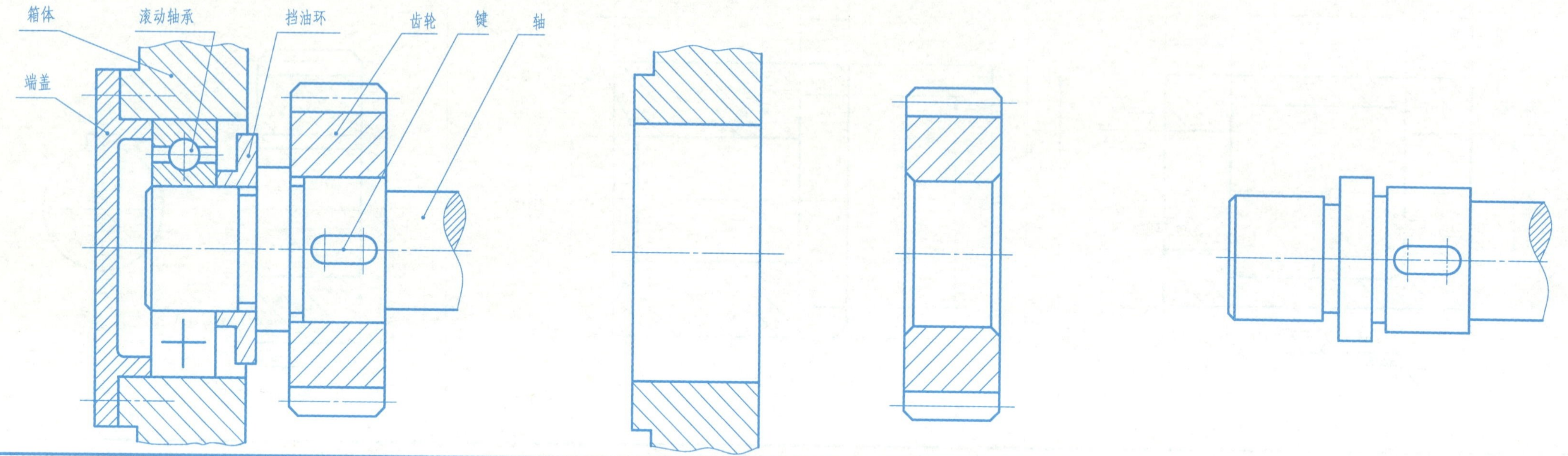

9—6 把用文字说明的几何公差，用代号和框格标注在图中

1. 1）ϕ28h6轴线对ϕ15H7轴线的同轴度公差值为0.025mm。2）平面*A*对ϕ15H7轴线的垂直度公差值为0.05mm。

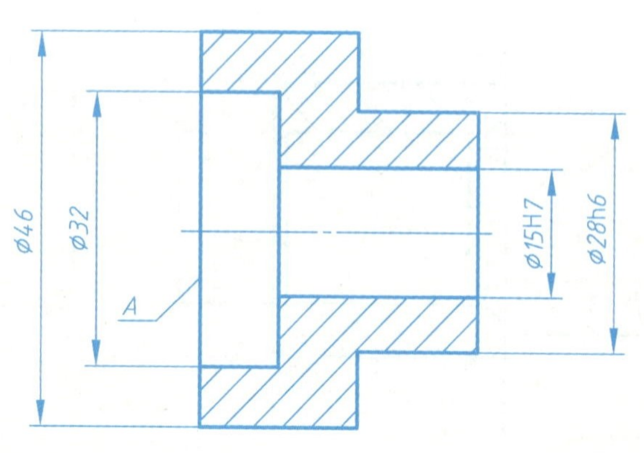

2. 1）轴肩*A*对ϕ26h6轴线的端面圆跳动公差值为0.03mm。2）ϕ40r7柱面对ϕ26h6轴线和ϕ20h6的轴线的径向圆跳动公差值为0.03mm。3）ϕ20h6的轴线对ϕ26h6的轴线同轴度公差值为0.025。

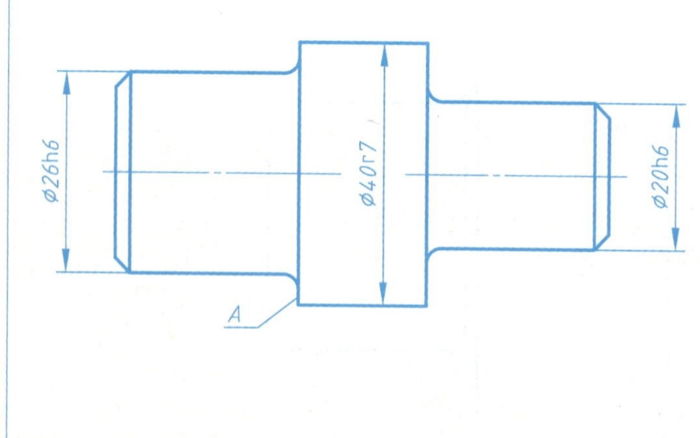

3. 1）平面*A*的平面度公差值为0.04mm。2）12f7中心线对平面*A*的垂直度公差值为0.01mm。3）90° V形槽对12f7对称中心面的对称度公差值为0.04mm。

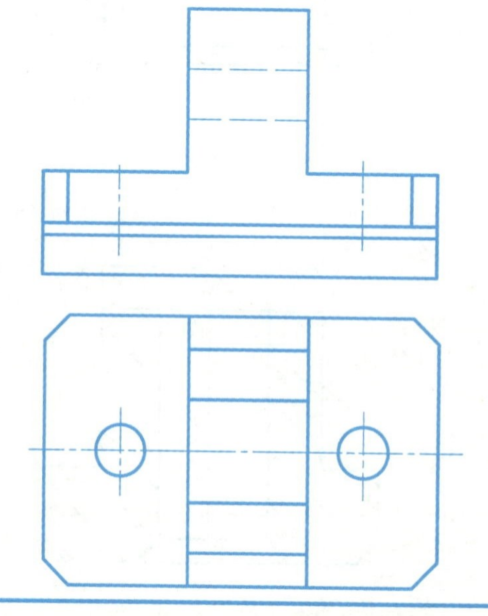

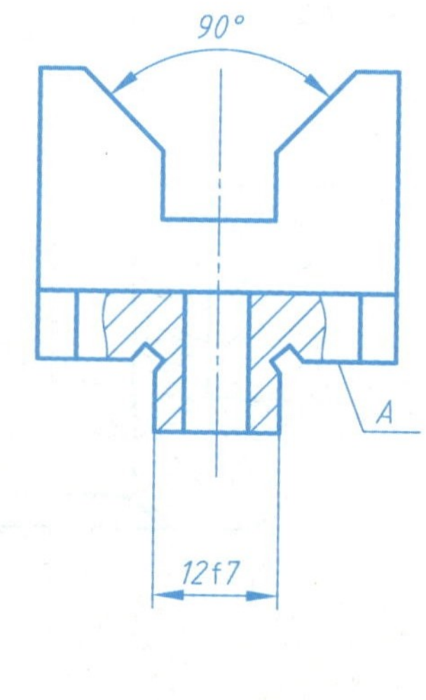

9—7 根据零件轴测图绘制零件图

1.

名称	轴
材料	45

2.

名称	轴承
材料	HT150

3.

名称	支架
材料	HT200

4.

名称	蜗轮减速器
材料	HT200

9—8 读主轴零件图，回答问题并作图

1）零件采用了哪些表达方法？

2）在视图中用文字和指引线标出轴向和径向尺寸的主要基准。

3）找出所有定位尺寸。

4）键槽两侧的表面粗糙度*Ra*值是多少？

5）$\phi40h6(^{0}_{-0.016})$的公差等级，上、下极限尺寸，上、下极限偏差，公差各是多少？________________

6）说明 M16 的意义。该螺纹的哪个表面结构的表面粗糙度 *Ra* 值为 6.3μm？________________

7）解释各几何公差框格的意义：[↗ | 0.015 | D] ________________

[⊥ | 0.025 | A] ________________，[○ | 0.007] ________________

8）补画*C*—*C*断面。

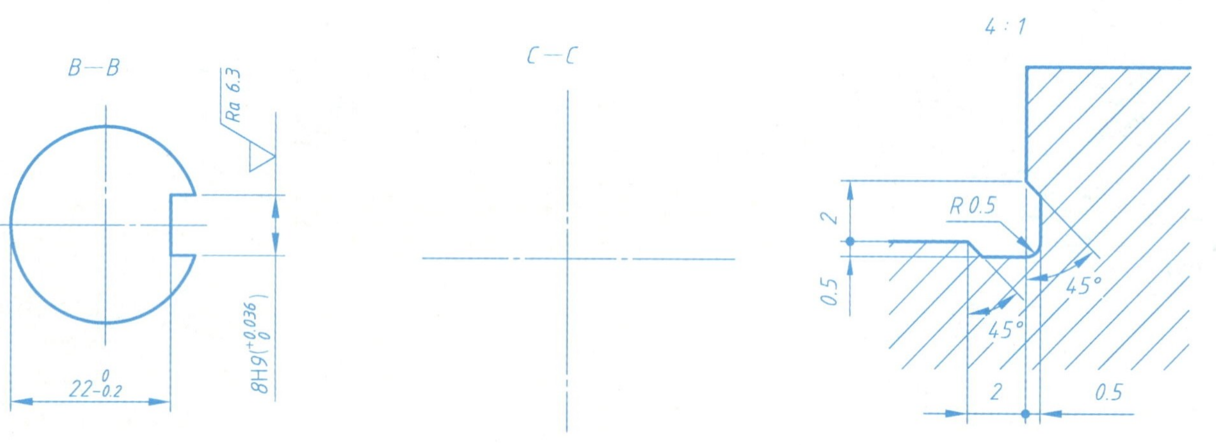

技术要求

1. 未注倒角为 *C*1。
2. 淬火 35 ~ 40HRC。

Ra 12.5 (√)

主　　轴	比例	数量	材料	图号
	1∶1		45	
制图				
审核				

9—9 读端盖零件图，回答问题并作图

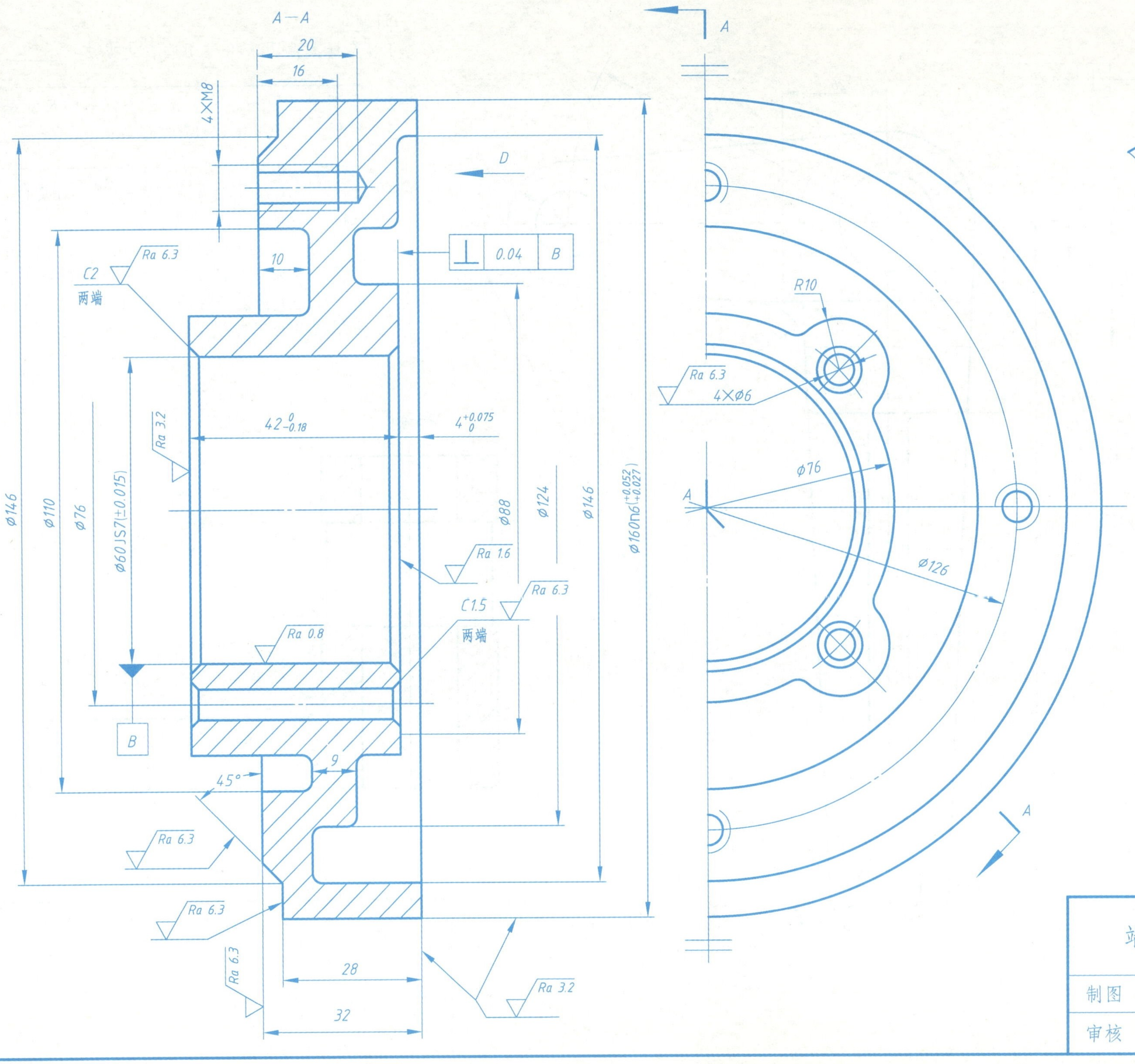

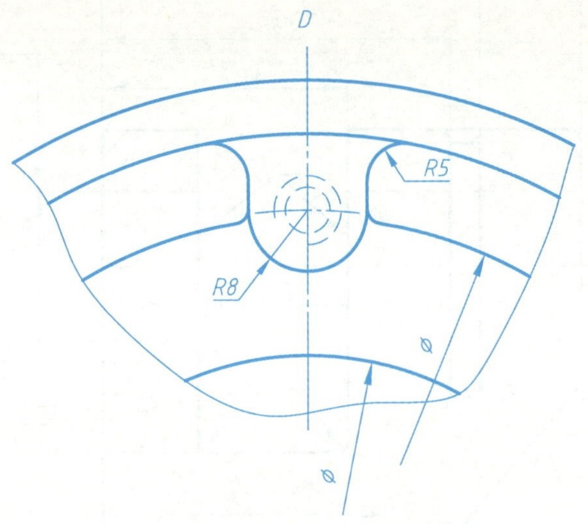

问题：

1）该零件的主视图为______剖视图。

2）左视图中垂直细点画线两端的两条短水平线表示________________

3）该零件的内、外部结构主要是_____体，故设计基准是指　　向尺寸和___向尺寸的主要基准。

4）$\phi160n6(^{+0.052}_{+0.027})$ 的含义是________________

5）在 *D* 向局部视图中的尺寸线上注出圆弧尺寸。

6）零件精度最高的表面结构的表面粗糙度 *Ra* 值是_____μm 。

7）用另外一张图纸补画右视图。

端　　盖			比例	数量	材料	图号
			1 ∶ 1		HT250	
制图						
审核						

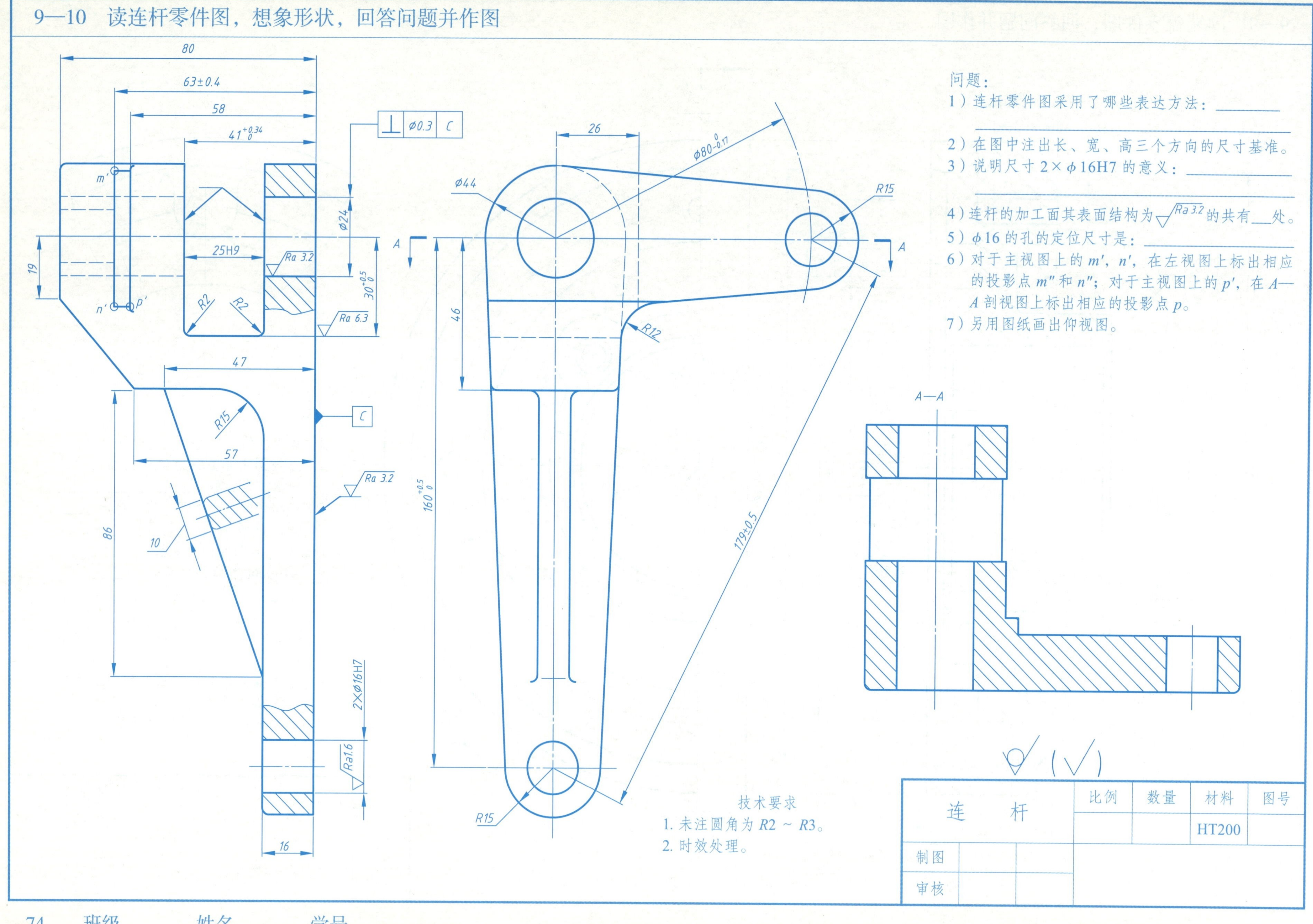
9—10 读连杆零件图，想象形状，回答问题并作图
问题：
1）连杆零件图采用了哪些表达方式法：
2）在图中注出长、宽、高三个方向的尺寸基准。
3）说明尺寸 2×φ16H7 的意义：
4）连杆的加工面其表面结构为 Ra 3.2 的共有＿处。
5）φ16 的孔的定位尺寸是：
6）对于主视图上的 m′，n′，在左视图上标出相应的投影点 m″ 和 n″；对于主视图上的 p′，在 A—A 剖视图上标出相应的投影点 p。
7）另用图纸画出仰视图。
A—A
技术要求
1. 未注圆角为 R2 ~ R3。
2. 时效处理。
连 杆
比例
数量
材料
图号
HT200
制图
审核
80
63±0.4
58
25H9
Ra 3.2
Ra 6.3
Ra 1.6
47
57
86
19
10
16
R2
R15
2×φ16H7
φ24
φ0.3
C
26
φ44
R15
R12
46
179±0.5
R15
A
m′
n′
p′

9—11 读托架零件图，回答问题并作图

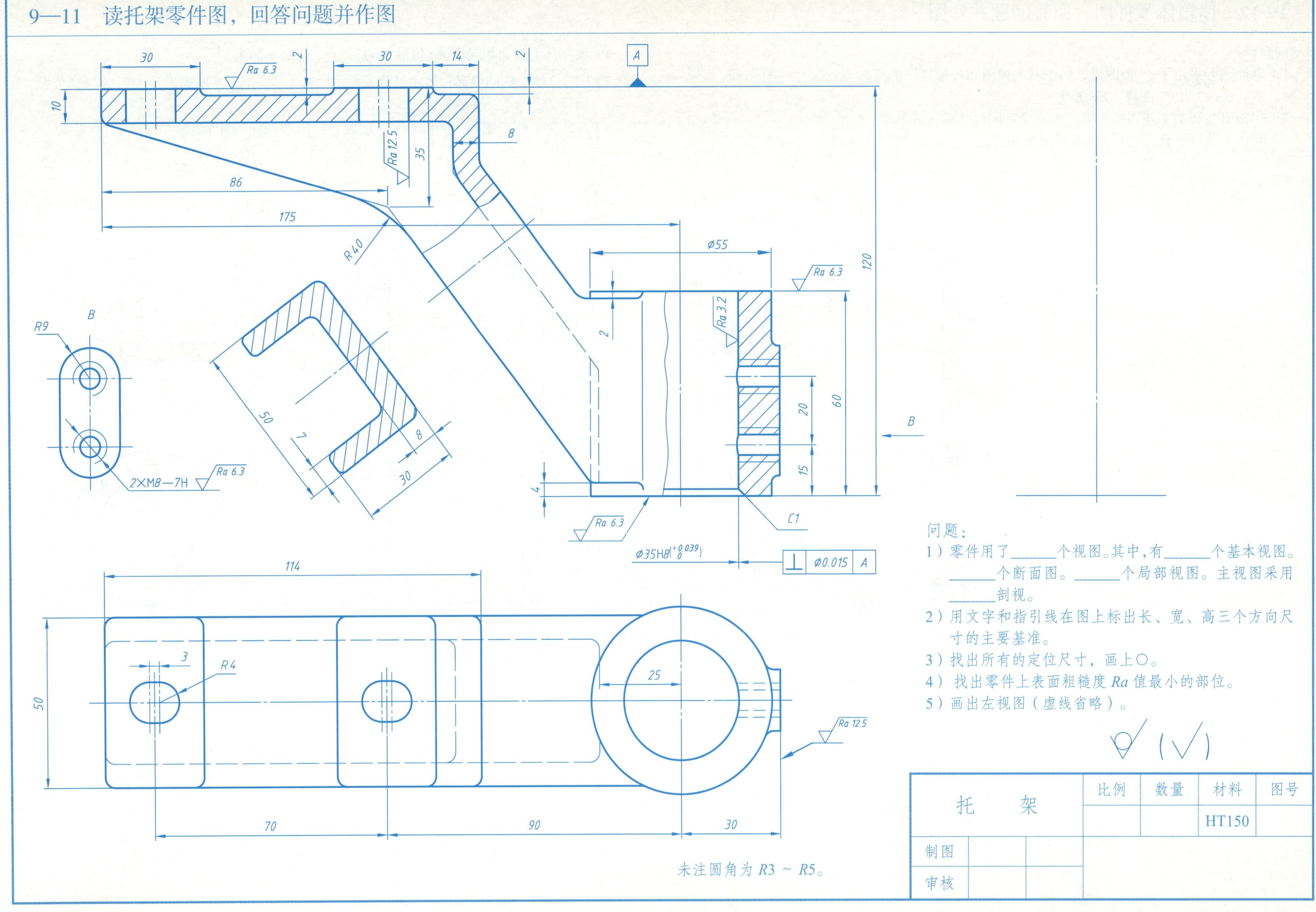

9—12 读箱体零件图，回答问题并作图

问题：

1）零件图上采用了___个图形，属于基本视图和局部视图的有___视图、___视图和___视图。C—C 为___剖视，E—E 为___。

2）用指引线和文字注明长、宽、高三个方向尺寸的主要基准。

3）箱体上共有螺孔___个，其尺寸分别是________________。

4）该零件上表面粗糙度 *Ra* 值最大的为_____，最小的为_____。

5）|⊥|0.03|A| 的含义：表示被测要素为____________，基准要素为_________，公差项目为______，公差值为_____。

6）在此页上按与主视图的投影关系配置，画出右视图的外形图。

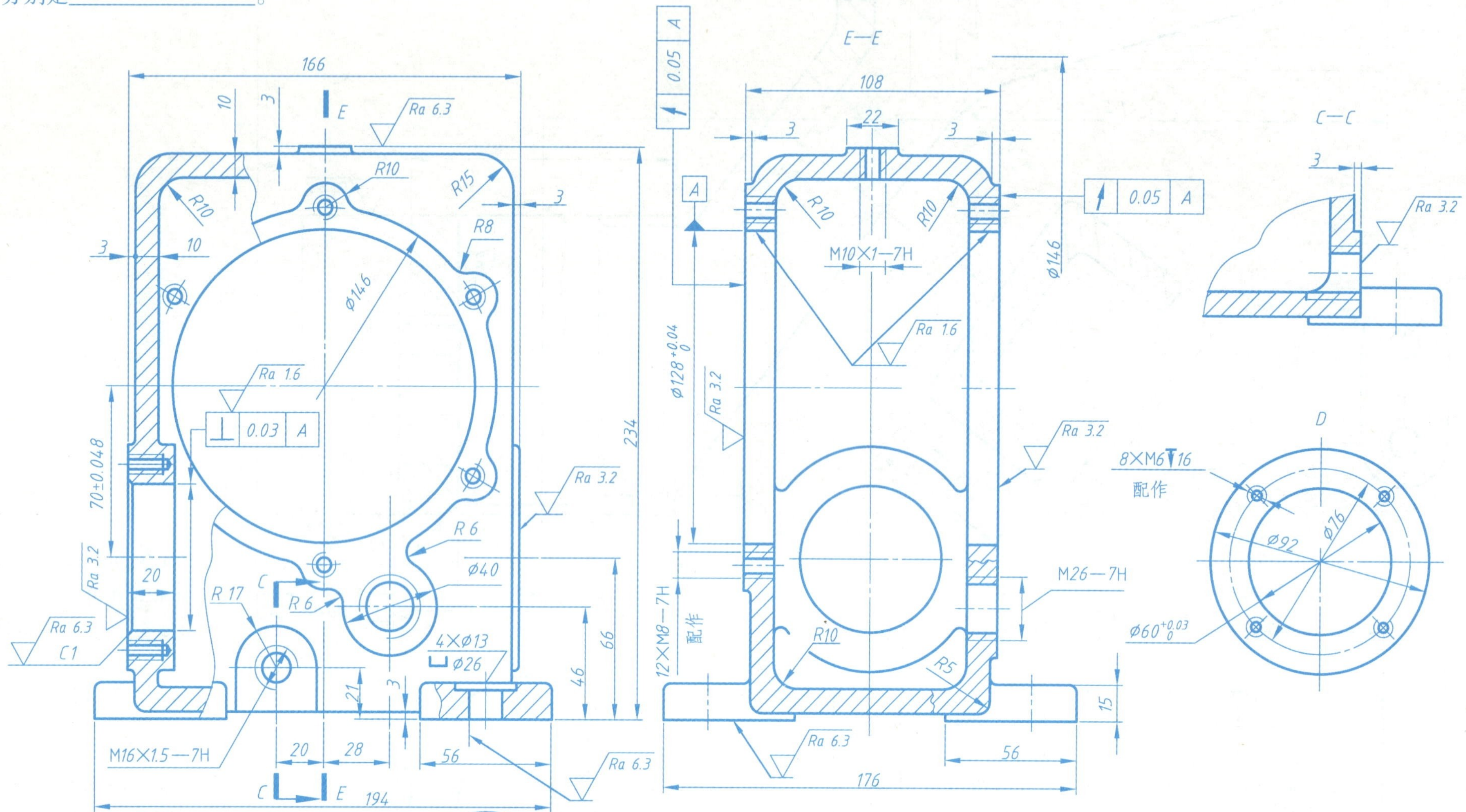

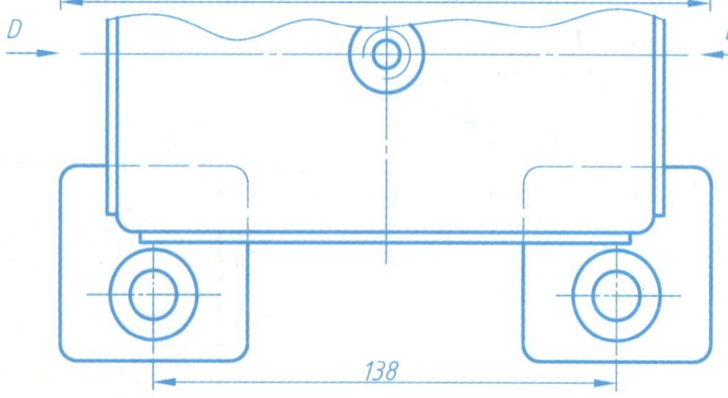

技术要求

1. 铸件不能有气孔、砂眼、缩孔等。
2. 时效处理。
3. 非加工面涂装。
4. 未注圆角 *R*3 ~ *R*5。
5. 未注尺寸公差按 GB/T 1804—m。
6. 未注几何公差等级按 GB/T 1184—k。

箱　体		比例	数量	材料	图号
				HT150	
制图					
审核					

10—1　装配结构的合理性

分析下面装配图的结构、画法等方面的错误，在下方画出正确的装配图。

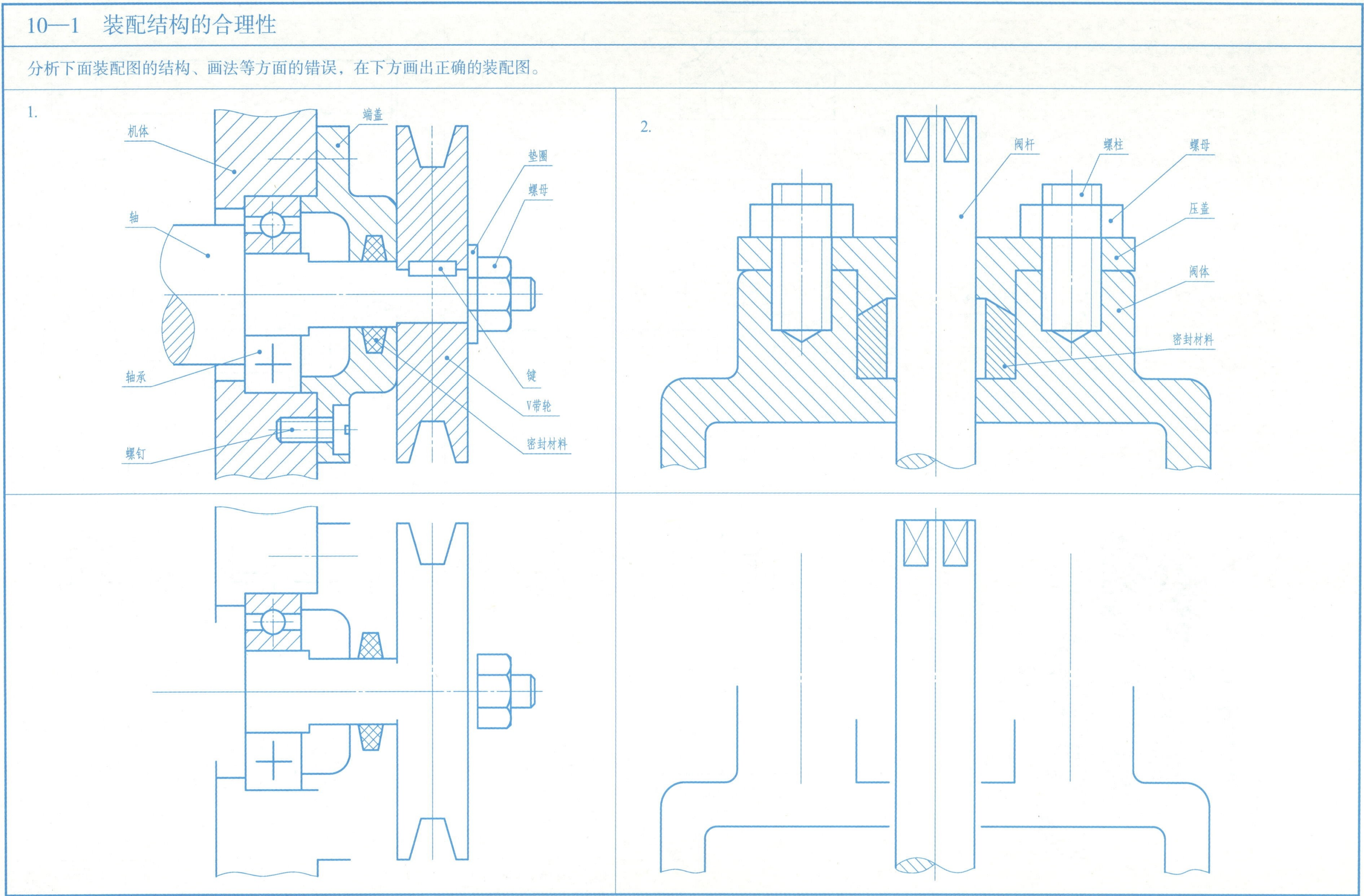

10—2 根据轴测图和零件图拼画千斤顶装配图

千斤顶工作原理

千斤顶是利用螺旋传动来顶举重物。工作时，铰杠穿在螺旋杆顶部的孔中，旋动铰杠，螺旋杆在螺套中靠螺纹作上、下移动，顶垫上的重物靠螺旋杆的上升而被顶起。螺套镶在底座里，并用螺钉定位，磨损后便于更换修配。螺旋杆的球面形顶部，套一个顶垫，靠螺钉与螺旋杆连接而不固定，防止顶垫随螺旋杆一起旋转而且不脱落。

7	底座	1	HT200	
6	螺套	1	QA19-4	
5	螺钉 M8×12	1	Q235	GB/T 73—1985
4	铰杠	1	Q215	
3	螺旋杆	1	Q255	
2	螺钉 M10×12	1	Q235	GB/ T75—1985
1	顶垫	1	Q275	
序号	名称	数量	材料	备注

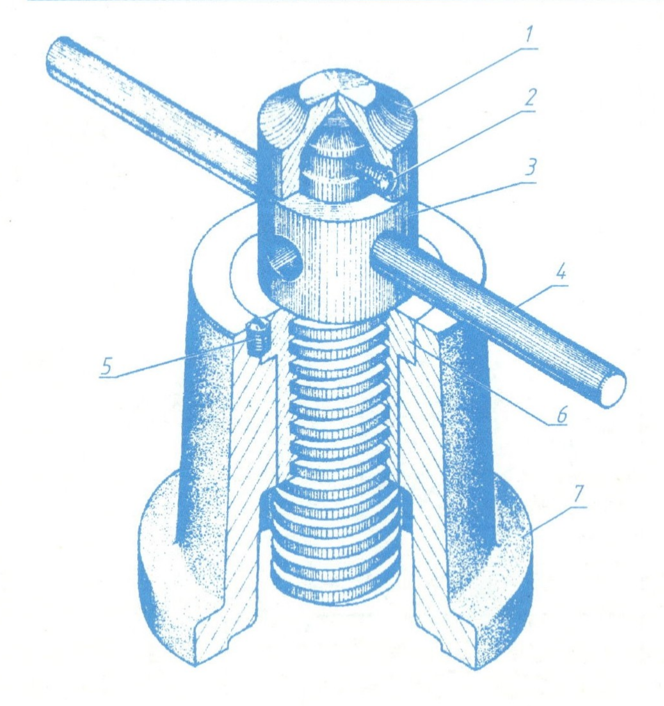

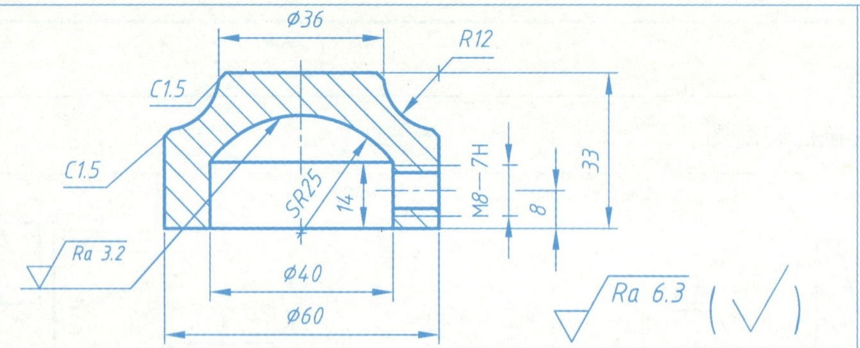

1	顶垫	Q275	1 件

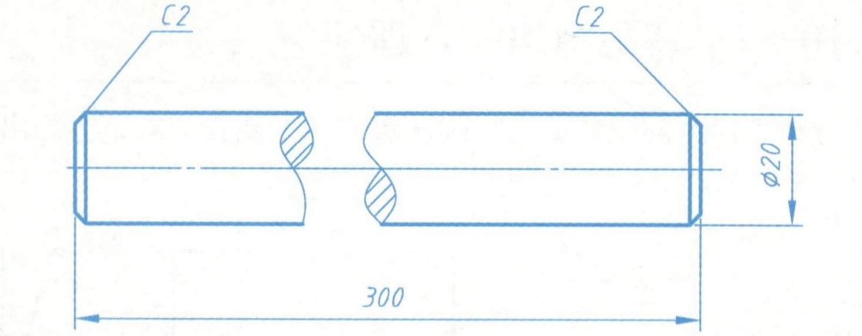

4	铰杠	Q215	1 件

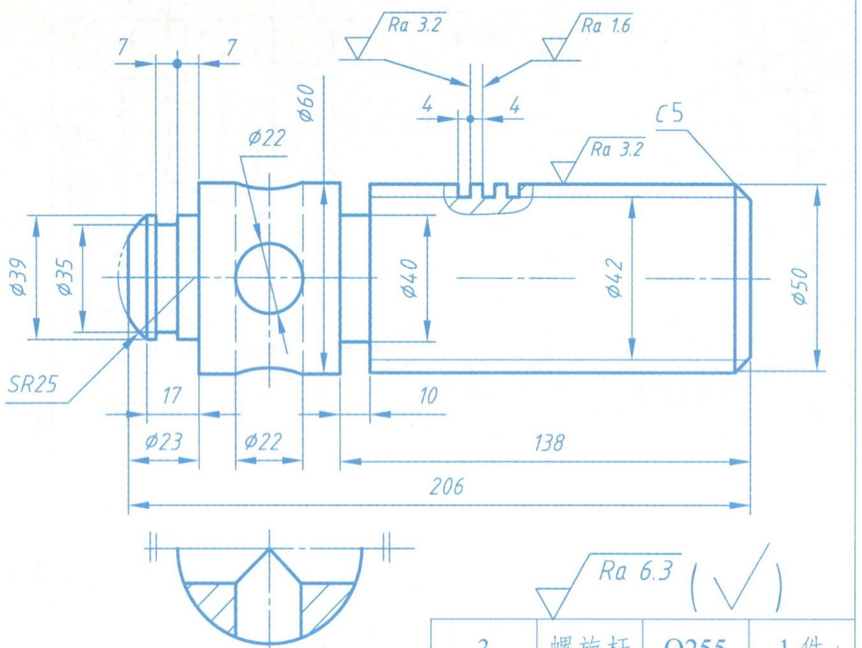

3	螺旋杆	Q255	1 件

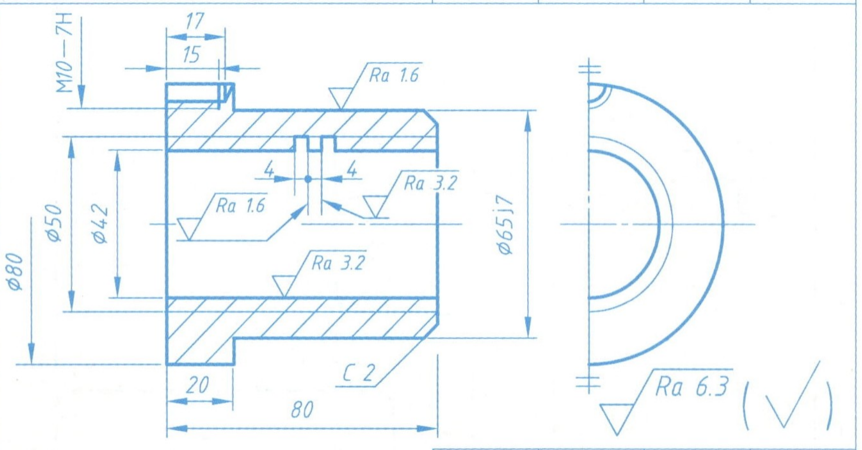

6	螺套	QA19-4	1 件

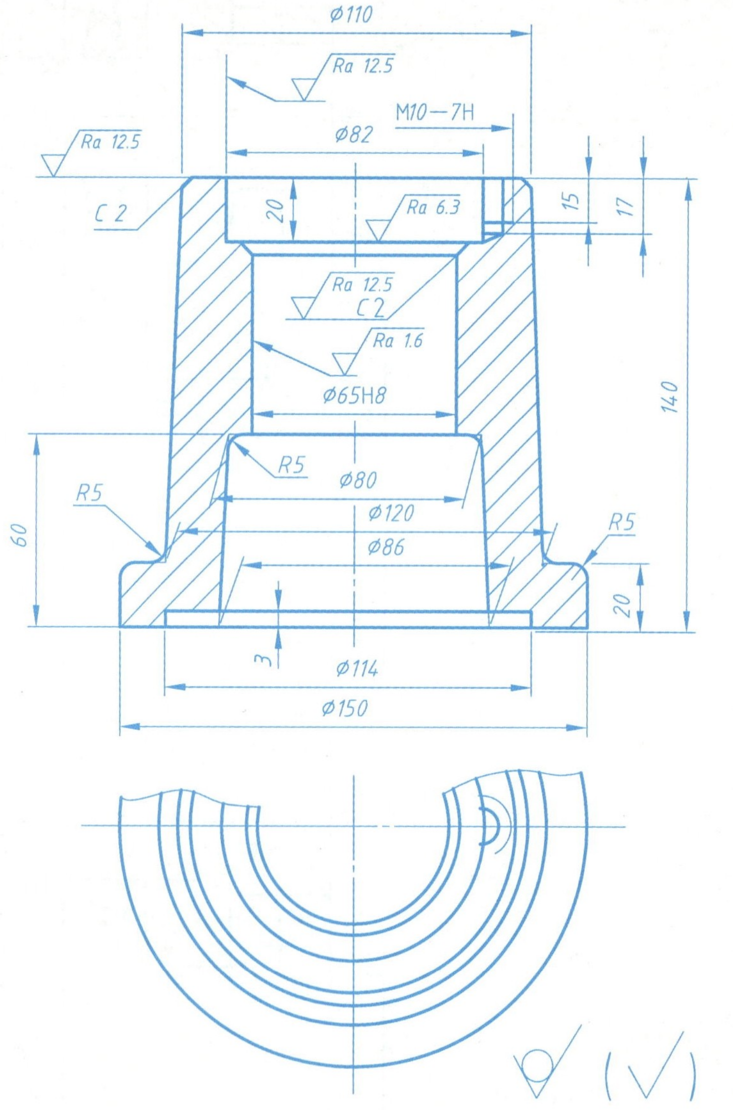

7	底座	HT200	1 件

10—3　根据轴测图和零件图拼画手压阀装配图

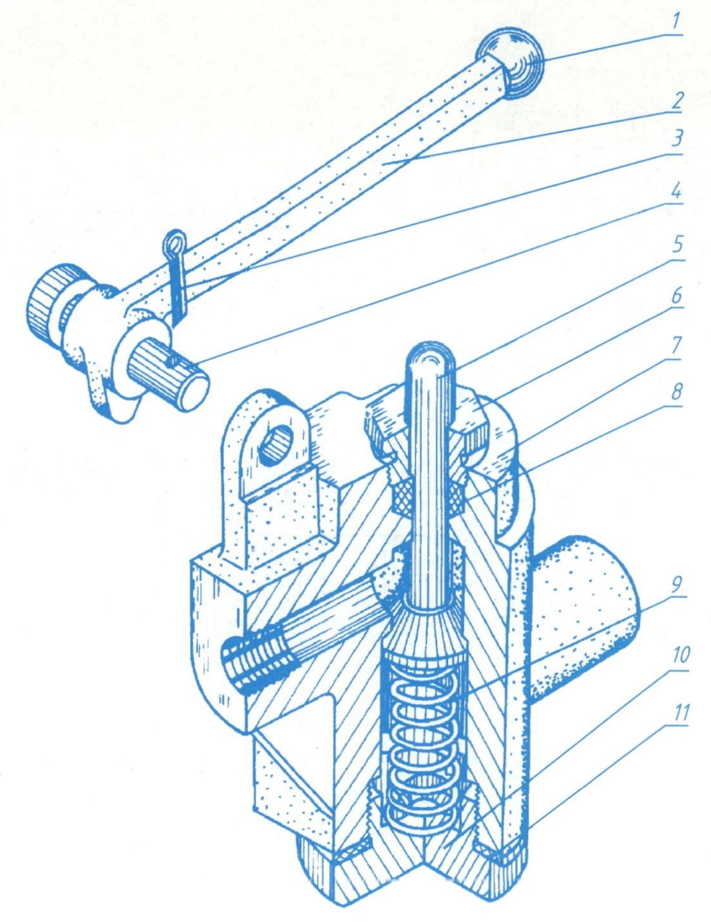

手压阀工作原理

手压阀是吸进和排除液体的一种手动阀门。当握住手柄向下压阀杆时，弹簧因受力压缩使阀杆向下移动，液体入口和出口相通；手柄向上抬起时，由于弹簧弹力作用，阀杆向上压紧阀体，使液体入口与出口不通。

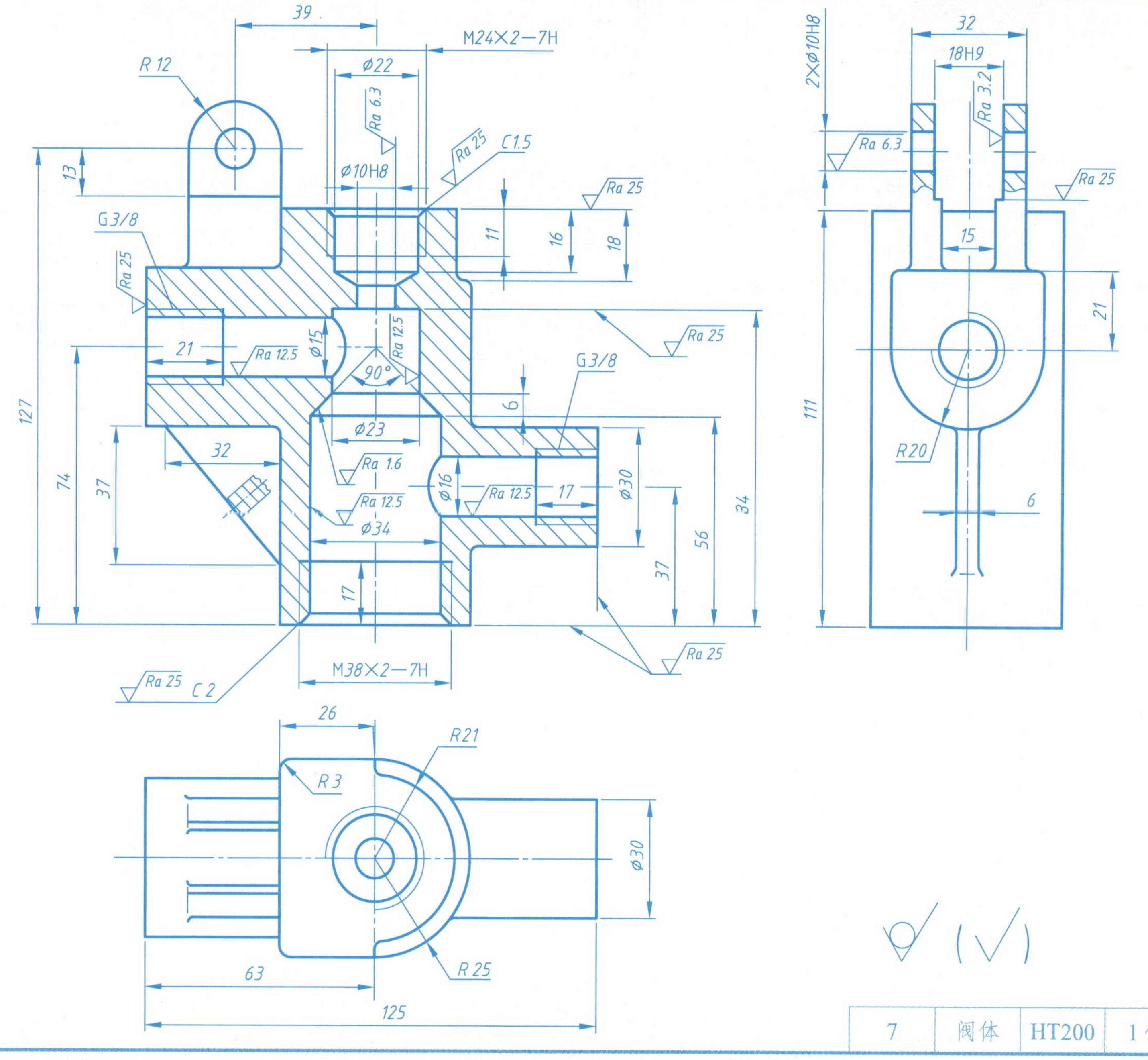

序号	名称	数量	材料	备注
11	胶垫	1	橡胶	
10	调节螺母	1	Q235	
9	弹簧	1	60CrVA	
8	填料		石棉	
7	阀体	1	HT200	
6	锁紧螺母	1	Q235	
5	阀杆	1	45	
4	插销	1	20	
3	开口销	1	Q235	GB/T 91—2000
2	手柄	1	20	
1	球头	1	胶木	

7	阀体	HT200	1件

续 10—3 根据轴测图和零件图拼画手压阀装配图

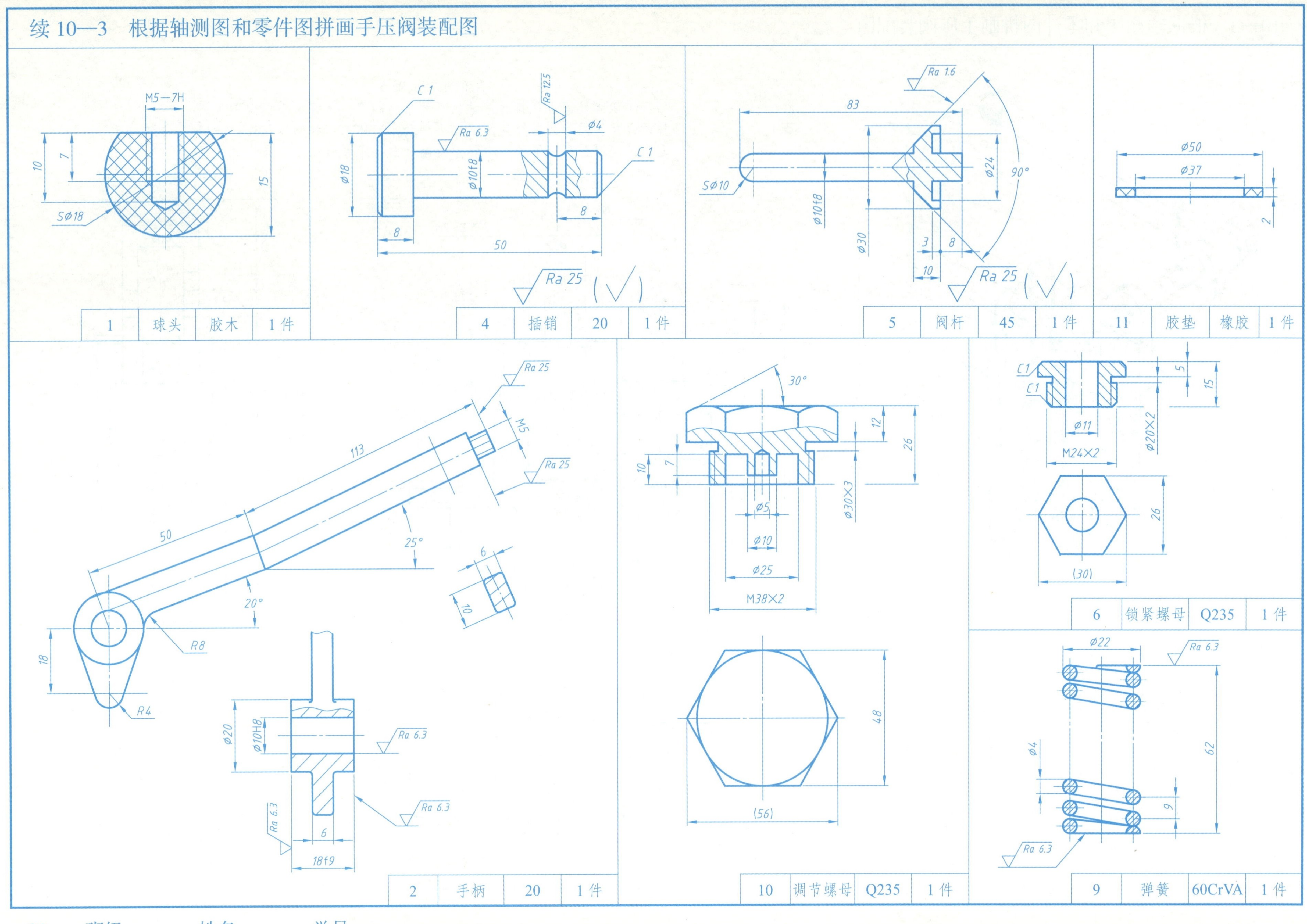

 班级 姓名 学号

10—4 读车削阀盖小头夹具装配图，回答问题并由装配图拆画零件图

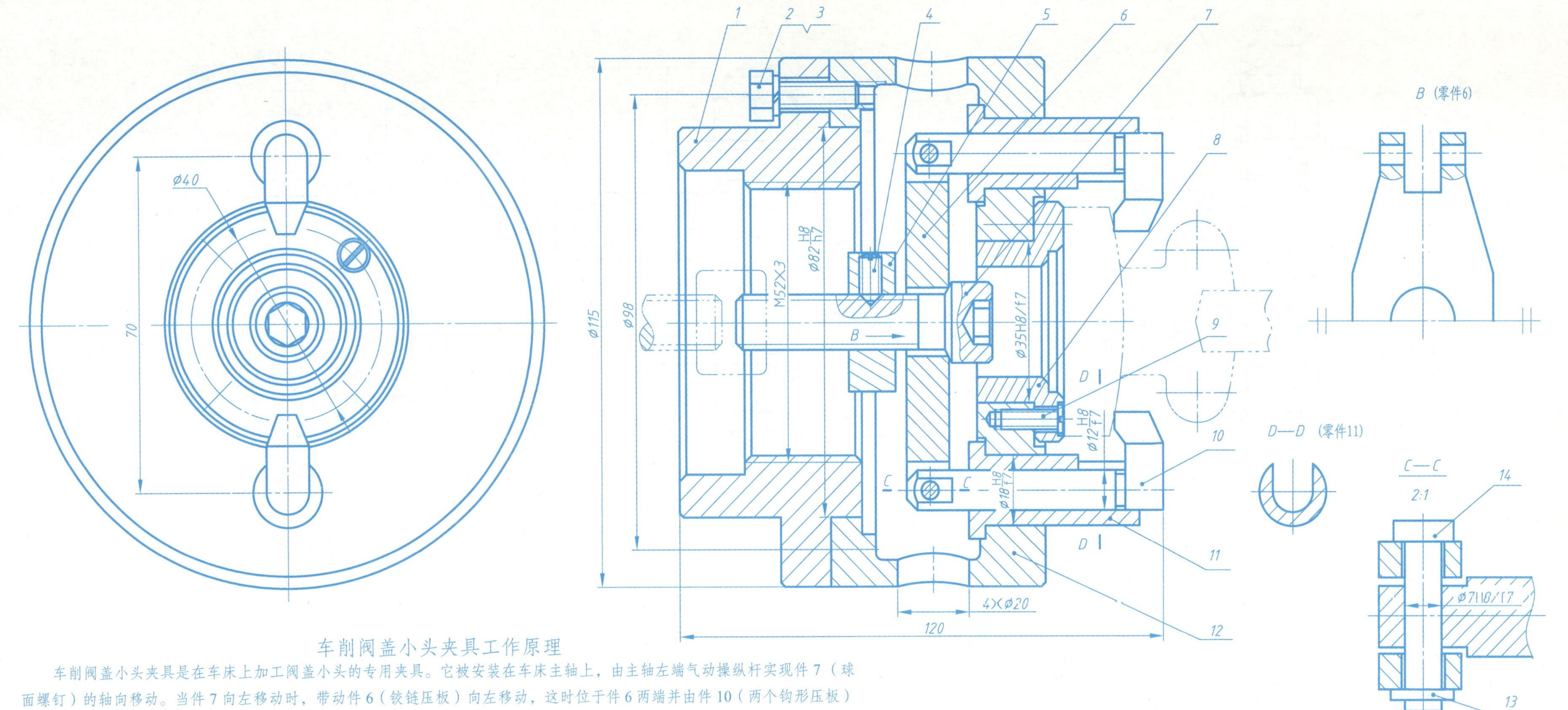

车削阀盖小头夹具工作原理

车削阀盖小头夹具是在车床上加工阀盖小头的专用夹具。它被安装在车床主轴上，由主轴左端气动操纵杆实现件 7（球面螺钉）的轴向移动。当件 7 向左移动时，带动件 6（铰链压板）向左移动，这时位于件 6 两端并由件 10（两个钩形压板）在件 11（套筒）内，实现被加工零件阀盖的夹紧。反之，当件 7 向右移动时，则使件 10 向右移动，被加工件即可卸下。

问题：

1）该装配图采用了哪些表达方法？________________

____

2）说明件 1、12、6、10、11、8 的结构特点及作用。________________

____

____

____

3）解释装配图中 $\phi82\frac{H8}{h7}$、$\phi18\frac{H8}{f7}$ 的含义。________________

____

____

4）拆画件 1、12、11 的零件图。

序号	名称	数量	材料	备注
14	销轴	1	40Cr	
13	挡圈	1	65Mn	GB/T 891—1986
12	夹具体	1	45	
11	套筒	2	45	
10	钩形压板	2	40Cr	
9	螺钉 M3×8	4	Q235	GB/T 65—2000
8	定位盘	1	45	
7	球面螺钉	1	45	
6	铰链压板	1	45	
5	背帽	1	45	
4	螺钉 M4×8	1	Q215	GB/T 71—1985
3	垫圈 6	4	65Mn	GB/T 93—1987
2	螺栓 M6×18	4	Q235	GB/T 5780—2000
1	盘根	1	HT200	

车阀盖小头夹具		比例	1 : 1	共 张
设计		重量		第 张
制图				
审核				

10—5 读钻模装配图，回答问题并由装配图拆画零件图

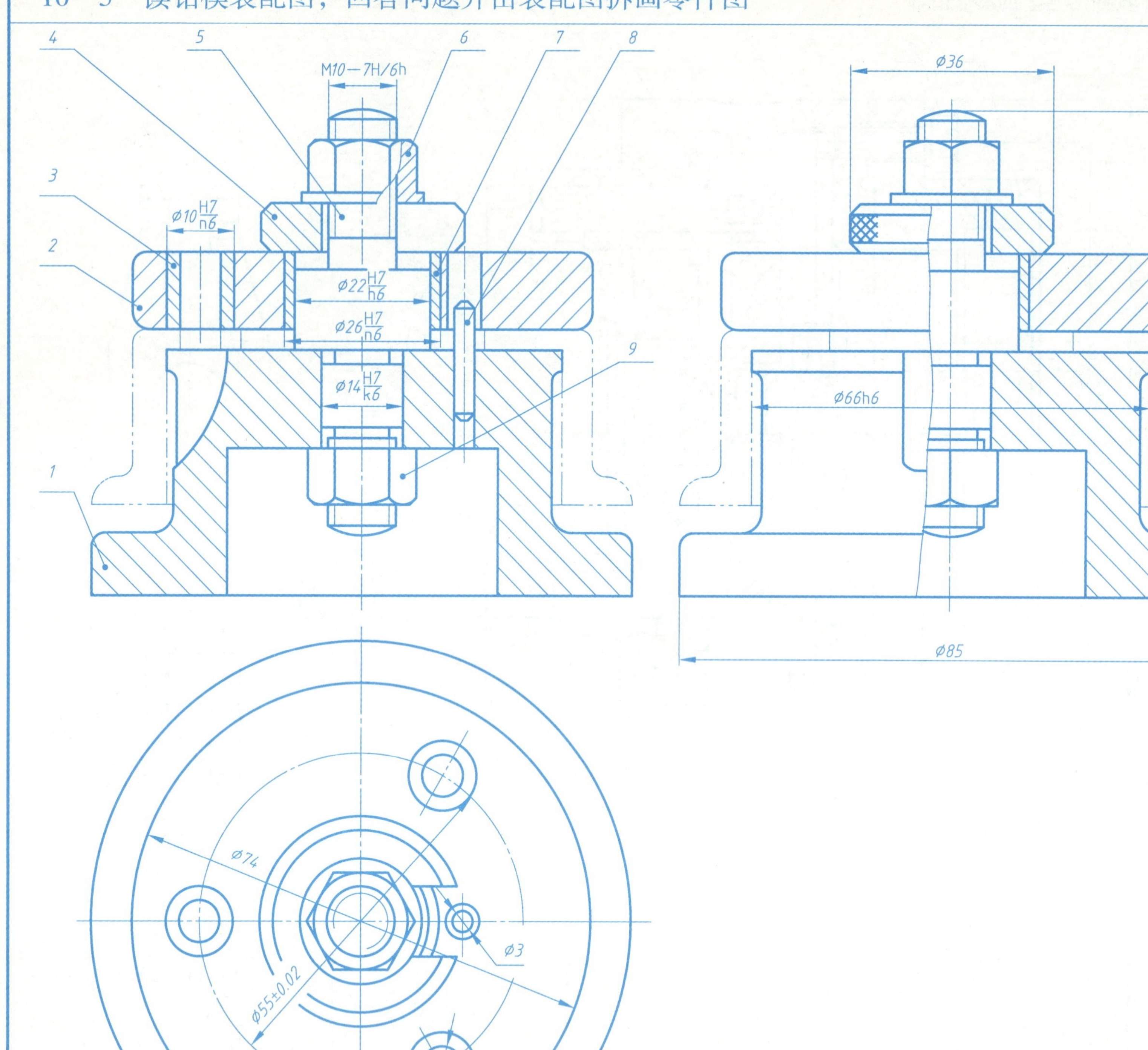

问题：

1）主视图采用了_____剖和_____剖，剖切面与机件前后方向的_______重合，故省略了标注，左视图采用了_____剖视。

2）底座 1 的侧面有___个弧形槽，与被钻孔工件定位的尺寸为_____。

3）钻模板 2 上有______个 $\phi 10\frac{H6}{n6}$孔，钻套 3 的主要作用是________。图中双点画线表示_________，是______画法。

4）$\phi 10\frac{H7}{n6}$是件号__和件号__的配合尺寸，属于制的____配合，H7 表示__的公差代号 h 表示件号__的_____代号，7 和 6 代表______。

5）三个孔钻完后，先松开__，再取出__工件便可拆下。

6）与底座 1 相邻的零件有____（只写出件号）。

7）钻模的外形尺寸为：长___、宽___、高___。

8）拆画底座和轴 5 的零件工作图。

序号	名称	数量	材料	备注
9	六角螺母	1	35	GB/T 6170—2000
8	圆柱销 3×28	1	40	GB/T 6119—2000
7	衬套	1	45	
6	特制螺母	1	35	
5	轴	1	40	
4	开口垫圈	1	40	GB/T 71—1985
3	钻套	3	T0	GB/T 93—1987
2	钻模板	1	40	GB/T 5780—2000
1	底座	1	HT150	

钻模		比例	1 : 1	共 张
设计		重量		第 张
制图				
审核				

10—6 看懂柱塞泵装配图，拆画件 1、6、12 和 13 的零件图

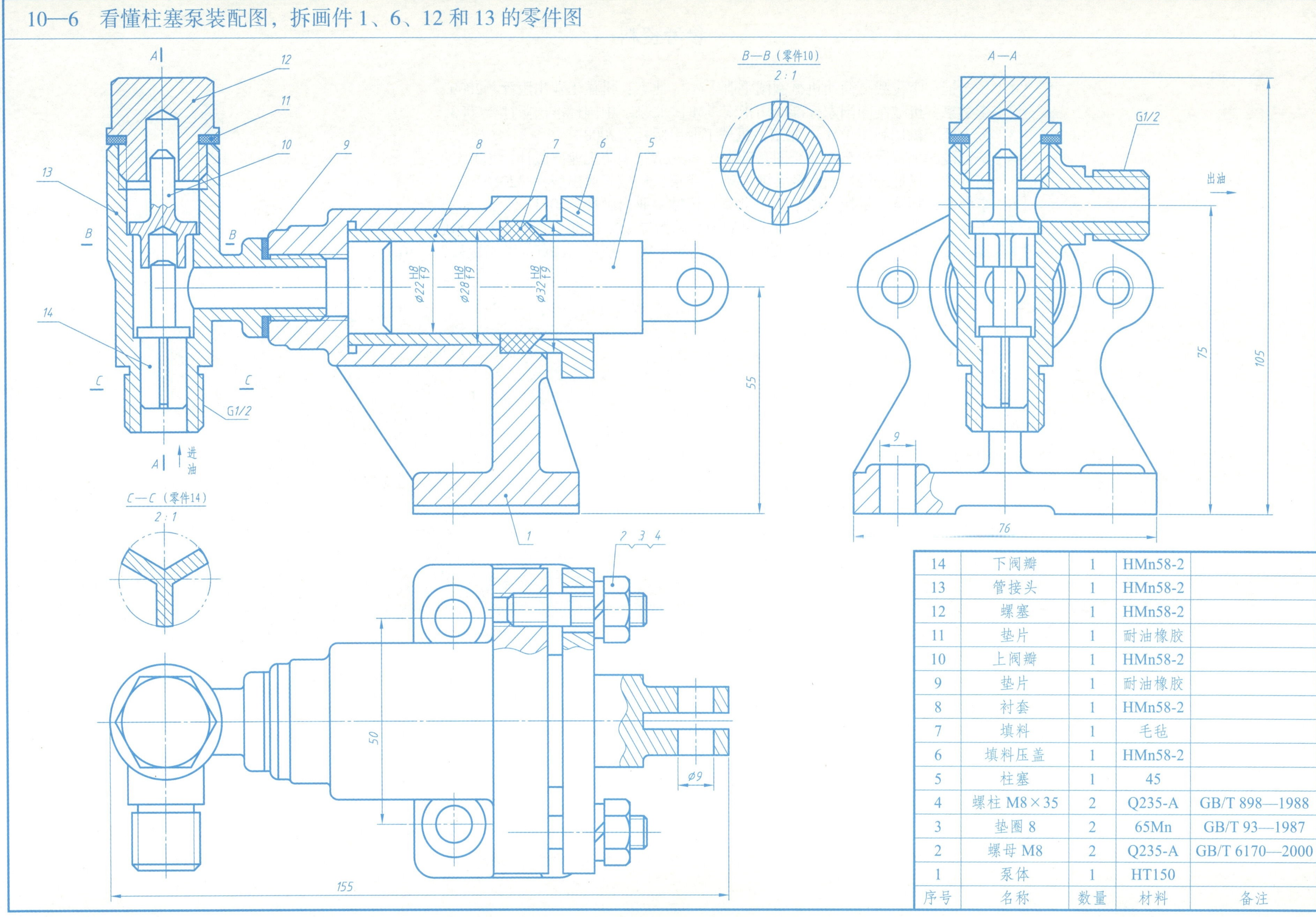

14	下阀瓣	1	HMn58-2	
13	管接头	1	HMn58-2	
12	螺塞	1	HMn58-2	
11	垫片	1	耐油橡胶	
10	上阀瓣	1	HMn58-2	
9	垫片	1	耐油橡胶	
8	衬套	1	HMn58-2	
7	填料	1	毛毡	
6	填料压盖	1	HMn58-2	
5	柱塞	1	45	
4	螺柱 M8×35	2	Q235-A	GB/T 898—1988
3	垫圈 8	2	65Mn	GB/T 93—1987
2	螺母 M8	2	Q235-A	GB/T 6170—2000
1	泵体	1	HT150	
序号	名称	数量	材料	备注

参考资料

[1] 杨老记，李俊武. 简明机械制图手册 [M]. 北京：机械工业出版社，2009.
[2] 李学京. 机械制图国家标准应用指南 [M]. 北京：中国标准出版社，2003.
[3] 金大鹰. 机械制图 [M]. 北京：机械工业出版社，2008.
[4] 柴富俊. 工程图学与专业绘图基础 [M]. 北京：国防工业出版社，2007.
[5] 南玲玲，杨虹. 机械制图及实训 [M]. 北京：机械工业出版社，2010.
[6] 李淑君，陆英. 机械制图 [M]. 北京：机械工业出版社，2011.
[7] 王永志，李学京. 画法几何及机械制图解题指导 [M]. 北京：机械工业出版社，1998.
[8] 江苏大学工程图学课程组. 工程图学习题集 [M]. 镇江：江苏大学出版社，2010.